高职高专规划教材

建 筑 节 能

刘世美 主 编
干学宏 副主编
庾汉成 主 审

U0330741

中国建筑工业出版社

图书在版编目(CIP)数据

建筑节能/刘世美主编. —北京：中国建筑工业出版社，
2011.7 (2020.12重印)
高职高专规划教材
ISBN 978-7-112-13471-7

Ⅰ. ①建… Ⅱ. ①刘… Ⅲ. ①建筑-节能 Ⅳ. ①TU111.4

中国版本图书馆 CIP 数据核字(2011)第 159218 号

本书系统介绍了建筑节能的基本知识及国内外先进节能材料的应用。全书共分为 12 个项目。具体包括：建筑节能基本知识、建筑节能标准、建筑节能热力学基础、建筑节能计算初步、节能材料施工技术、建筑节能与玻璃、居住建筑采暖节能、建筑空调节能、建筑照明节能、可再生能源利用与建筑节能、建筑能源管理技术、建筑节能检测与验收等基本知识。本书采用了现行国家最新规范和行业标准，突出了职业实践能力的培养和职业素质养成的内容。

本书既可作为建筑类高职高专建筑工程技术专业和高等专科学校相关专业的教学用书，也可作为建筑工程技术人员、现场工作人员的技术手册和相关专业工程技术人员的培训用书。

责任编辑：朱首明 李 明
责任设计：陈 旭
责任校对：刘 钰 赵 颖

高职高专规划教材

建 筑 节 能

刘世美 主 编
于学宏 副主编
庾汉成 主 审

*

中国建筑工业出版社出版、发行(北京西郊百万庄)
各地新华书店、建筑书店经销
北京天成排版公司制版
天津安泰印刷有限公司印刷

*

开本：787×1092毫米 1/16 印张：14 字数：312千字
2011 年 8 月第一版 2020 年 12 月第十二次印刷
定价：**30.00** 元
ISBN 978-7-112-13471-7
(21220)

前　　言

　　能源是一种宝贵的资源,无论是人类的生存,还是社会的发展都离不开充足的能源供应。随着节能减排,特别是建筑节能工作被社会重视程度的日益提高,建筑节能已成为提高全社会能源使用效率的首要因素,落实建筑节能是建筑领域践行科学发展观,实施可持续发展战略,构建和谐社会的重大举措。

　　建筑节能以节约能源为根本目的,集成了城乡规划、建筑学及土木、设备、机电、材料、环境、热能、电子、信息、生态等工程学科的专业知识;同时,又与技术经济、行为科学和社会学等人文学科密不可分,是一门跨学科、跨行业,综合性和应用性较强的专业拓展课程。

　　高职教育是培养具有良好职业道德和敬业协作精神的高等技术应用型专门人才。毫无疑问,在建筑工程技术专业开设"建筑节能"课程,不仅是时代对建筑人才的基本要求,也是建设类院校相关专业可持续发展中必不可少的重要知识储备。

　　本教材是根据国家有关建筑节能的要求而编写的适合高职建筑类学生的建筑节能教材,也是2010年浙江省高校自选主题重点建设教材。本书简明扼要地阐述了建筑节能基本知识、建筑节能标准、建筑节能热力学基础、建筑节能计算初步、节能材料施工技术、建筑节能与玻璃、居住建筑采暖节能、建筑空调节能、建筑照明节能、可再生能源利用与建筑节能、建筑能源管理技术、建筑节能检测与验收等内容。

　　通过本书的学习将实现学生对节约能源的认知,强化学生对建筑节能重要性的认识,提高建筑节能的自觉性,使学生在了解建筑设计初步理论的基础上,较全面地了解建筑不同部位的节能施工技术,基本掌握建筑节能检测和验收知识,促进学生将所学的专业理论知识向工程实践的转化,为今后从事节能工程施工与管理工作做好准备。

　　较之目前正在使用的高职高专相关建筑节能教材,本书特色主要体现在以下几个方面:

　　理论适度完整。本书充分考虑了建筑类高职高专学生的知识结构特点,将建筑节能中重要的节能理论知识精选,学生可通过自学或在教师的指导下,掌握基本的节能理论,为节能施工和管理服务。

　　内容翔实生动,符合实际需求。书中插入了大量的建筑节能现场图片和原理图,图文并茂,将会大大提高学生的学习兴趣。

　　体现最新建筑节能技术。本书紧跟时代发展步伐,介绍了最新的国内外建筑节能材料及技术,使学生能最大限度地了解建筑节能最新科技。

　　规范解读全面。本书对相关重要的建筑节能规范、标准进行了详细的解读。

　　全书共分12个项目,由浙江建设职业技术学院刘世美任主编,浙江建设职业技术学院干学宏任副主编。绪论、项目1、项目2、项目3、项目4由刘世美编写,项目 5、项目 6、项目 7、项目 8、项目 12 由干学宏编写,项目 9、项目 10 由浙江建设职业技术学院王伟编写,项目 11 由浙江建设职业技术学院江晨晖编写。青海建筑职业技术学院庾汉成主审。本书在编写过程中,参阅了大量的国内外最新文献、资料和国家颁布的最新规范和标准,在此对各参考文献的作者,对本书给予指导和资助的浙江省教育厅、财政厅、浙江建设职业技术学院以及夏玲涛高级工程师、刘金生高级工程师一并表示衷心的感谢。

作者力图为高职建设类院校学生及建筑工程行业从业人员提供一本有理论价值和实用价值的教材,但由于水平和经验有限,书中缺点与问题在所难免,恳请读者批评指正。

目　　录

绪　　论

当前，能源短缺问题已成为世界经济发展的主要制约因素之一，建筑在其建设和使用过程中损耗了大量能源。发达国家的建筑能耗一般占全国总能耗的25％，我国建筑能耗的总量在能源总消费量中所占的比例已从20世纪70年代末的10％，上升到近年的30％；随着城市化进程的加快和人民生活质量的改善，建筑耗能比例将上升至35％。如此庞大的比重说明，建筑耗能已经成为我国经济发展的软肋，建筑节能已迫在眉睫。

0.1　资源节约型社会和建筑节能

0.1.1　资源节约型社会

人类生存的星球是一个经过几十亿年演化产生的生机蓬勃的世界，这是迄今为止所发现的宇宙间唯一有人类生存的星体。世人在梦想未来世界将更加美好的同时，蓦然回首，竟然发现世界已经处于灾难边缘，水资源危机、能源危机、极端气候、全球气候变暖等灾害的频繁出现，证实了地球的前途命运不容忽视。所有的不正常都无可辩驳地显示生态系统已遭到致命破坏，地球已不堪重负，整个生存环境正濒临崩溃边缘，地球危机近在咫尺。其根源在于能源的过度和无序使用，人类正是这场灾难的制造者。以牺牲资源和环境为代价取得的繁荣舒适是短暂和表面的，在巨大的危机面前，人类必须采取果断的措施，选用科学的"节能生活习惯"和"节能生产方式"。节能的目的一方面是为了节约能源使用，促进人类社会的可持续发展，另一方面是保护环境。节约能源不仅是缓解能源危机的要求，也是保护地球的根本要求，人类只有对能源使用高效节制，才能从根本上消除地球危机。

0.1.2　建筑业发展迅速

21世纪，采暖、空调和照明的设备与技术日益进步，人们越来越能够在更加优裕和舒适的室内环境中生活和工作，人类建筑文明取得了前所未有的成就。

2007年的统计数据显示，我国既有建筑的规模约达450亿 m^2。每年新建建筑竣工面积大于各发达国家每年新建建筑竣工面积之和。根据使用功能不同，建筑可分为工业建筑与民用建筑，具体见图0-1所示。

不同用途的建筑，能耗的构成及比重是有差异的。无论是居住建筑还是公共建筑，是既有建筑还是新建建筑，是严寒、寒冷地区还是夏热冬冷地区和夏热冬暖地区，采暖和空调的能耗占建筑能耗的比值都非常大，均在65％以上。夏季的空调制冷能耗近年来增长迅速，导致许多地区夏季拉闸限电。表0-1为居住建筑能耗的构成比例。

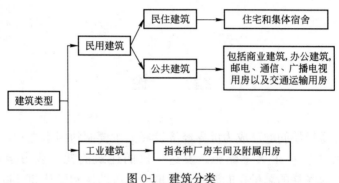

图 0-1　建筑分类

建筑能耗构成比例　　　　　　　　　　　　　　　　　　表 0-1

建筑能耗的构成	采暖和空调	水供应	电气照明	炊事
各部分所占的比例	65%	15%	14%	6%

0.1.3　建筑业发展带来的危机

建筑业的发展一方面推动了经济的高速发展，成为经济发展的重要支柱之一；另一方面，建筑业发展带来的巨大能源消耗已成为人类可持续性发展的阻碍，如图 0-2 所示。

图 0-2　建筑能耗增长迅速

原因一：每年新建和改建的千万栋建筑，要消耗几十亿吨林木、砖石和矿物材料，造成森林过度砍伐，材料资源大量开采，导致土地破坏、植被退化、物种减少、自然环境恶化。

原因二：住宅与公共建筑的采暖、空调、照明和家用电器等设施消耗全球约 1/3 的能源，主要是化石能源。化石燃料是地球经历亿万年才形成的。

原因三：建筑物在使用能源过程中排放出大量的 SO_2、NO_x、悬浮颗粒物和其他污染物，影响了人体的健康和动植物生存。

原因四：世界各国房屋能源使用中所排放的 CO_2，约占到全球 CO_2 排放总量的 1/3，其中住宅约占 CO_2 排放总量的 2/3，公共建筑约占 CO_2 排放总量的 1/3。CO_2 排放量的增加，导致地球大气中 CO_2 的浓度从 19 世纪的 260ppm 增加到现在的 360ppm，而且还在快速增加，CO_2 的排放吸收平衡被彻底打破。

0.1.4　建筑节能的意义

毫无疑问，建筑节能是建筑业贯彻可持续发展战略，建设资源节约型、环境友好型社会的具体措施和关键环节。开展建筑节能，提高建筑物使用期间的能源利用效率，能改善建筑室内热环境，提高居住水平；可以降低大气污染，减少二氧化碳排放，减轻温室效应的影响；可以调动和集中各级行政部门的管理等职能，发挥建设行政主管部门的综合优势，促进建筑业与住宅产业的工程质量、性能和技术水平的提高，促进建筑业由粗放型向集约型转变，实现建筑业跨越式发展；在发展新型建筑节能产业的同时，有利于带动相关产业的发展和经济的持续增长，增加更多的就业机会。

0.1.5　建筑节能潜力

我国建筑能耗总量大、比例高、能效低、污染重，已经成为影响可持续发展的重大问题，建筑节能在我国节约型社会建设中大有可为。

第一，以人为本与住宅舒适度的提高，为建筑节能提供了广阔的空间。目前我国仍处于建筑高峰期，建筑能耗将是巨大的，在政府大力发展建筑节能的政策导向下，建筑节能行业的春天才刚刚开始。

第二，庞大的、传统的建筑存量是能耗大户，改造建筑存量大有可为。目前建筑用能已经占到全社会能源消费总量的近三成。我国单位建筑采暖用能是气候相近的发达国家的三倍。但建筑用能的浪费状况还未引起全社会的充分重视。

第三，科学技术为建筑节能提供了可能。从 20 世纪 80 年代开始，我国对建筑科技的投入逐步加大。

第四，城市与农村、各地区之间在建筑节能方面存在着巨大差异。建筑节能既有成功的示范，也有建筑理念、传统工艺、技术、材料等方面的距离，为建立和形成建筑节能市场，构建足够大的利益提供可能。

根据测算：若从现在开始对新建建筑全面强制实施建筑节能设计标准，并对既有建筑有步骤地推行节能改造，至 2020 年，中国建筑能耗可减少 3.8 亿吨标准煤，空调高峰负荷可减少约 8000 万千瓦（大约接近 4.5 个三峡电站的满负荷出力，相应可减少电力建设投资约 6000 亿元人民币），由此造成的能源紧张状况将大为缓解，如图 0-3 所示。其中，大型公共建筑节电潜力 800 亿度/年（约 0.28 亿吨标准煤）、一般公共建筑节电潜力 1300 亿度/年（约 0.40 亿吨标准煤）。

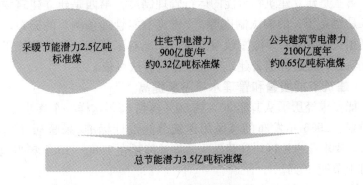

图 0-3　建筑节能潜力分析

0.2　建筑节能政策与管理

0.2.1　《节约能源法》

《节约能源法》已由第十届全国人民代表大会常务委员会第三十次会议于2007年10月28日修订通过。修订后的《节约能源法》与原《节约能源法》相比，完善了促进节能的经济政策。其主要特点有五个方面：

第一，扩大了法律调整的范围。修订后的《节约能源法》增加了建筑节能、交通运输节能、公共机构节能等内容，这对加强这些领域的节能工作必将起到积极促进作用。

第二，健全了节能管理制度和标准体系。新修订的《节约能源法》设立了一系列节能管理制度。

第三，完善了促进节能的经济政策。修订后的《节约能源法》规定中央财政和省级地方财政要安排节能专项资金支持节能工作，对生产、使用列入推广目录需要支持的节能技术和产品实行税收优惠，对节能产品的推广和使用给予财政补贴，引导金融机构增加对节能项目的信贷支持等，从总体上构建了推动节能的政策框架。

第四，明确了节能管理和监督主体。修订后的《节约能源法》规定了统一管理、分工协作、相互协调的节能管理体制，理顺了节能主管部门与各相关部门在节能监督管理中的职责。

第五，强化了法律责任。修订后的《节约能源法》规定了19项法律责任，明确了相应的处罚措施，加大了处罚范围和力度。

作为《节约能源法》配套法规和标准，《民用建筑节能条例》和《公共机构节能条例》于2008年7月23日国务院第18次常务会议通过。《民用建筑节能条例》和《公共机构节能条例》自2008年10月1日起施行。

0.2.2　《建筑节能管理条例》

《建筑节能管理条例》已经列入了国务院2011年一类立法计划。该条例主要包含五个方面内容：第一是形成建筑的市场准入制度；第二是建立建筑物节能的改造制度；第三是建立建筑物节能的运行管理制度；第四是建立建筑物能效测评制度；第五是建立相关的淘汰制度等。《建筑节能管理条例》的颁布，将标志着国内一系列相关法规项目、激励政策与执行标准有了依据，建筑节能工作将由此走上法制化轨道，推进和监督建筑节能工作将有法可依。

0.2.3　建筑节能质量和管理水平不断提高

建筑节能要求经历了从节能30%到50%再到65%这样一个逐步提高的过程。

第一阶段：1986年发布的《民用建筑节能设计标准(采暖居住建筑部分)》JGJ 26—86，要求北方地区居住建筑采暖设计能耗在1980～1981年当地通用设计耗能的基础上节能30%。

第二阶段：1995年发布的《民用建筑节能设计标准(采暖居住建筑部分)》

JGJ 26—95，要求新建居住建筑的采暖能耗以各地 20 世纪 80 年代初典型住宅的采暖能耗为基准，在保证相同的室内热环境指标的前提下，采暖、空调（和照明）能耗节约 50％。其中 30％靠提高建筑围护结构的保温性能来达到，另外 20％靠提高采暖锅炉和室外供热管网的效率来达到。

第三阶段：目前，根据我国能源的制约因素和建筑能耗的比重，已提出在第二阶段节能 50％的基础上再节能 30％，即总体节能 65％的目标。

0.3　建筑节能的发展趋势

随着建筑节能技术进一步发展，建筑节能的自主性越来越强、自觉性越来越高，运用新技术的建筑节能产品不断推陈出新。

0.3.1　国外建筑节能的发展现状

在日本，为达到更加节能、降噪的目的，高效、低噪声、小型化的空调通风用通风机将成为空调通风用通风机市场上的主流。在欧洲，家庭生活所需各种能耗，如采暖、照明、家用电器均来自可再生能源（即太阳能或风能等），使能耗为零。国外采用的采暖零能耗标准、零碳排放标准和能源自给标准，对建筑围护结构的传热系数、建筑的密闭性和通风提出了更高的要求。

0.3.2　国内建筑节能的发展途径

20 年前建筑节能从北方采暖居住建筑开始启动，伴随着经济的快速发展，购房消费已成为国内新的经济增长点，人们改善建筑热环境的要求日益迫切。南方地区建筑节能的工作得到了逐步推广。《财政部、住房和城乡建设部关于进一步推进公共建筑节能工作的通知》以及《建筑节能技术政策》，对于促进各地建筑节能工作，引导建筑节能技术进步，发挥着重要的作用。

建筑节能问题，不仅是经济问题，而且是重要的战略问题，关系人类发展的核心利益。建筑节能对于促进能源资源节约和合理利用、加快发展循环经济、实现经济社会的可持续发展、建设节约型社会有着举足轻重的作用，建筑节能是保障国家能源安全、保护环境、提高人民群众生活质量、贯彻落实科学发展观的一项重要举措。

建筑节能是一项综合性工作，它涉及建筑材料、建筑设计、建筑构造、建筑物理、建筑施工、暖通空调、物业管理、政策法规等诸多方面。做好建筑节能工作，应加强协作、共同努力，认知建筑节能的内在规律，统筹兼顾、因地制宜。

思　考　题

1. 请阐述建筑节能与地球危机的关系。
2. 我国建筑节能潜力巨大，请举例说明。
3. 简述我国建筑节能质量水平的发展过程。

项目1 建筑节能基本知识

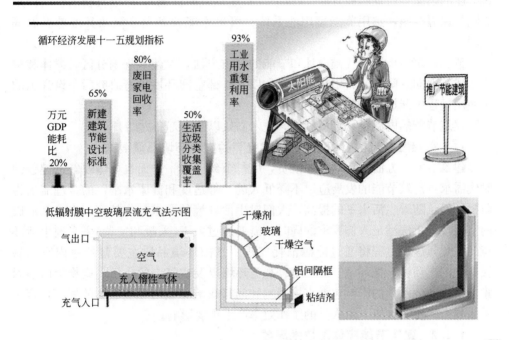

项 目 概 要

本项目共分2节内容，主要介绍建筑节能的内涵以及建筑节能常用术语等内容。通过本项目的学习，使学习者了解建筑节能基本知识，准确把握"建筑节能的完整定义"，掌握建筑节能基础概念。

1.1 建筑节能内涵

"建筑节能"是指在建筑物的设计、施工、安装和使用过程中，按照有关建筑节能的国家、行业和地方标准(以下统称建筑节能标准)，对建筑物围护结构采取隔热保温措施，选用节能型用能系统、可再生能源利用系统及其维护保养等活动。

节能建筑是指遵循气候设计和节能的基本方法，对建筑规划分区、群体和单体、建筑朝向、间距、太阳辐射、风向以及外部空间环境进行研究后，设计出的在使用过程中能显著降低能耗的建筑。

建筑节能的内涵是：舒适健康、技术高效以及全寿命周期。

1.1.1 建筑节能应体现"舒适健康"的室内环境品质要求

建筑节能一方面要反对奢侈浪费，厉行节约，另一方面也要体现舒适健康的时代需求，建筑节能的发展应以不降低人的"舒适度和健康水平"的合理需求为前提条件。随着生活水平的提高，人们对生活环境的要求越来越高，当自然形成的室内环境无法满足人们要求的同时，需要通过人工(采暖和空调)去实现生活环境的优化，这一过程将通过能源消耗实现。室内环境品质主要包括室内空气品质、室内热环境、光环境、声环境、视觉环境以及空气中的化学污染物等诸多因素。室内环境对人的影响包括直接影响和间接影响。室内环境品质的好坏，直接关系到人的身心健康，对人类的工作效率产生重要影响。

1.1.2 建筑节能应体现技术高效

什么叫"技术高效"，当今社会没有严格定义，只能靠技术人员不断努力接近这个目标。例如陕西窑洞，如图1-1所示，可认为是节能技术高效的典范。窑洞一方面保证了舒适的环境(可完全做到冬暖夏凉)，另一方面对环境没有任何损害(投入低)。当然，人类不可能要求所有节能技术都能达到"窑洞"水平，目前国内也没有一个既兼顾环境又考虑成本投入的参考指标体系。建筑节能的根本目的是节约能源和保护环境，只有符合保护环境和能源节约的节能技术才是真正高效的节能技术。

图1-1 陕西窑洞冬暖夏凉

1.1.3 建筑节能是全寿命周期的

所谓全寿命周期，就是建筑节能要考虑建材的生产、建筑施工、建筑使用、建筑的拆除等整个阶段的总能源消耗，这种能源消耗不是简单的参考总费用，而是应充分参考其对环境的破坏程度。只有总能耗低的建筑节能技术，才是真正的节能技术。例如，木结构不仅节能，同时其生产和施工过程中消耗的社会资源非常低，且木材使用对环境没有任何不利影响，产生的废料可完全自降解。但木结构存在着生长周期及原存量困扰等问题。竹材重组用于建筑节能是近十年来国内正在兴起的节能新材料研究，重组竹材在经济性、安全性、标准化建造等方面有着传统建筑不可替代的优势，其结构自重轻，构件小，建设周期短，同时取材便利，装拆简易，施工现场干作业，适用于快速建设与标准化生产。

1.2 建筑节能常用术语

在建筑节能知识学习的过程中，有很多新的专业术语和名词，本节主要对重要的名词术语进行介绍。

1.2.1 围护结构

建筑物以及房间各面的围挡物，包括外围护结构的外墙、屋面、外窗、户门（包括阳台门）以及内围护结构的分户墙、顶棚和楼板。

1.2.2 围护结构节能工程质量

反映围护结构节能工程满足相关标准规定或合同约定的要求，包括其在安全、使用功能及其耐久性能、环境保护等方面所有明显和隐含能力的特性总和。

1.2.3 节能工程专项验收

节能工程在施工单位自行质量检查评定的基础上，参与建设活动的有关单位共同对围护结构节能工程质量（包括节能设计审查、节能产品与材料检查、节能施工质量检查、节能资料核查等）进行的专项验收。

1.2.4 主控项目和一般项目

主控项目：节能工程中的对安全、功能起决定性作用的检验项目。

一般项目：除主控项目以外的检验项目。

1.2.5 热舒适值 PMV

PMV 值是丹麦的范格尔（P. O. Fanger）教授提出的表征人体热反应（冷热感）的评价指标，代表了同一环境中大多数人的冷热感觉的平均值。PMV＝0 时意味着室内热环境为最佳热舒适状态。ISO 7730 对 PMV 的推荐值在 $-0.5 \sim +0.5$ 之间。

1.2.6 冷（热）桥

冷桥、热桥是南北方对同一事物现象的称谓。指在建筑物外围护结构与外界进行热量传导时，由于围护结构中的某些部位的传热系数明显大于其他部位，使得热量集中地从这些部位快速传递，从而增大了建筑物的空调、采暖负荷及能耗。常见的是钢筋混凝土的过梁、圈梁（矩形截面，未做保温处理）冬季室内出现结露、结霜现象，人们称之为冷桥或热桥（一般北方称冷桥）。围护结构中导热能力较强的金属、混凝土等部位，热量流失高于相邻部位而形成热桥。借助红外线技术，可看到这些部位有发亮的红色信号，表示这些部位形成热流密集通道，有较多的热量流向室外。

热桥应采取保温措施，保证内表面温度不低于室内空气露点。结构性冷（热）桥部位面积有大有小，该部位保温薄弱、热流密集、热（冷）损耗大，特别是在冬季正常采暖条件下，内表面温度降低，有时会产生程度不同的结露和长霉现象，影响结构的正常使用。

1.2.7 保温与隔热

保温通常是指外围护结构（包括屋顶、外墙、门窗等）在冬季阻止由室内向室外传热，从而使室内保持适当温度的能力。隔热通常是指围护结构在夏季隔离太阳辐射热和室外高温的影响，从而使其内表面保持适当温度的能力。两者的主要区别见表1-1。

保温与隔热的区别 表 1-1

传热过程不同	保温是针对冬季的传热过程，而隔热针对夏季的传热过程。冬季室外气温在一天中波动很小，其传热过程以稳定传热为主；夏季室外气温和太阳辐射在一天中随时间有较大的变化，是周期性的不稳定传热
评价指标不同	保温性能通常用传热系数或传热阻来评价。隔热性能通常用夏季室外计算温度条件下，围护结构内表面最高温度值来评价。在现行节能设计标准中，隔热直接用围护结构的热惰性指标（D 值）来衡量，透明玻璃可用遮阳系数 S_c 来评价
节能措施不同	冬季保温一般只要求提高围护结构的热阻，可采用轻质多孔或纤维类材料，通过复合保温或自保温来满足节能要求。夏季隔热不仅要求围护结构有较大的热阻，而且要求有较好的热稳定性（即 D 值较大）；对外窗还应该降低玻璃的遮阳系数或设置遮阳，以减少太阳辐射热
备注	对南方地区而言隔热比保温显得更为重要：根据国家标准《建筑气候区划标准》，我国大部分南方地区属第Ⅲ建筑气候区，夏季35℃以上高温天数逐年增加，导致空调大量使用，使得各地区供电负荷年年创新。南方地区应重视建筑物围护结构的隔热措施

1.2.8 采暖度日数（HDD18）、空调度日数（CDD26）

概念内涵见表1-2。

HDD18 和 CDD26 的含义 表 1-2

采暖度日数（heating degree day based on 18℃，简称 HDD18）	一年中，当某天室外日平均温度低于 18℃ 时，将低于 18℃ 的度数乘以 1 天，并将此乘积累加；采暖期天数：累计日平均温度低于或等于 5℃ 的天数
空调度日数（cooling degree day based on 26℃，简称 CDD26）	一年中，当某天室外日平均温度高于 26℃ 时，将高于 26℃ 的度数乘以 1 天，并将此乘积累加。夏热冬冷地区住宅空调期是指采用间歇通风等无能耗或低能耗的自然或被动冷却方式不能达到室内的舒适性热环境质量要求时空调设备运行的天数
备注	HDD18 越大，代表一个地区较严寒，需要采取采暖措施 CDD26 越大，则代表一个地区较炎热，需要采取空调制冷措施

1.2.9 采暖耗煤量指标、采暖设计热负荷指标及采暖耗热量指标(见表1-3)

采暖设计指标 表1-3

序号	指标	含义
1	采暖耗热量指标	在采暖期室外平均温度条件下,为保持室内计算温度,单位建筑面积在单位时间内消耗的,需由室内采暖设备供给的热量
2	采暖设计热负荷指标	在采暖期室外计算温度下,为保持室内计算温度,单位建筑面积在单位时间内需由锅炉房或其他供热设施提供的热量。采暖设备容量的一个重要指标。计算温度小于平均温度
3	采暖耗煤量指标	在采暖期室外平均温度条件下,为保持室内计算温度,单位建筑面积在一个采暖期内消耗的标准煤量。某建筑物能否达到节能水平,最终应由采暖耗煤量来确定

1.2.10 导热系数和热阻(见表1-4)

导热系数和热阻 表1-4

1	导热系数	当材料两面存在温度差时,建筑材料传递热量的性质,称为材料的导热性。导热性用导热系数 λ 表示
2	热阻	表征围护结构本身或其中某层材料阻抗传热的物理量。热阻是材料层(墙体或其他围护结构)抵抗热流通过的能力,热阻的定义及计算式为:是材料厚度与导热系数的比值,单位为$(m^2 \cdot K)/W$
备注	导热系数和热阻是衡量单一材料保温能力的核心指标	

1.2.11 传热系数和传热阻(见表1-5)

传热系数和传热阻 表1-5

1	表面换热系数(α_e、α_i)	内(外)表面与附近空气之间的温差为1K,1h内通过1m² 表面传递的热量,以内(外)表面换热系数表示。表面换热阻是表面换热系数的倒数。墙面、地面或表面平整:取 $\alpha_e=0.11W/(m^2 \cdot K)$;外墙、屋顶、与空气直接接触的地面:$\alpha_i=0.04W/(m^2 \cdot K)$
2	传热阻(R_0)	围护结构阻抗传热能力的物理量。为结构热阻(R)与内、外表面换热阻(R_i、R_e)之和。传热阻是传热系数 K 的倒数。热阻越大,热损失越小
3	传热系数(K)	传热阻的倒数 $1/R$ 称为材料层(墙体或其他围护结构)传热系数,表征围护结构传递热量能力的指标
4	平均传热系数(K_m)	外墙包括主体部位和周边热桥(构造柱、圈梁以及楼板伸入外墙部分等)部位在内的传热系数平均值。按外墙各部位(不包括门窗)的传热系数对其面积的加权平均计算求得
备注	① 传热系数和传热阻是衡量墙体与构件保温能力的核心指标 ② 注意区分墙体构件与单一材料的不同	

1.2.12 蓄热系数和热惰性指标(见表1-6)

蓄热系数和热惰性指标 表1-6

1	蓄热系数(S)	其为材料的一项热工性能,当某一足够厚度的单一材料层一侧受到谐波热作用时,表面温度将按同一周期波动。通过表面的热流波幅与表面温度波幅的比值称为蓄热系数。它可表征材料热稳定性的优劣。其值越大,材料的热稳定性越好(空气间层的蓄热系数取 $S=0$)

2	热惰性指标（D）'	表征围护结构对温度波衰减快慢程度的一个无量纲指标，也是影响热稳定性的主要因素。D值越大，温度波在其中的衰减越快，其稳定性越好，因而房间内的热稳定性也越好。 热惰性指标（D）应用在居住建筑节能规定性指标中，其值等于材料层热阻与蓄热系数的乘积。$D=S\times R$ D值越大，温度波在其中的衰减越快，围护结构的热稳定性越好，越有利于节能

1.2.13 遮阳系数（S_C）

遮阳系数为实际透过窗玻璃的太阳辐射得热与透过 3mm 透明玻璃的太阳辐射得热之比值，是表征窗户透光系统遮阳性能的无量纲指标，其值在 0～1 范围内变化。夏热冬冷地区，建筑外窗对室内热环境和空调负荷影响很大，通过外窗进入室内的太阳辐射热几乎不经过时间延迟就会对房间产生热效应。特别在夏季，太阳辐射如果未受任何控制地射入房间，将导致室内环境过热和空调能耗增加。因此，采取有效的遮阳措施，降低外窗太阳辐射形成的空调负荷，是实现居住建筑节能的有效方法。

1.2.14 外窗的综合遮阳系数（S_W）

外窗综合遮阳系数是考虑窗本身和窗口的建筑外遮阳装置综合遮阳效果的一个系数。《夏热冬暖地区居住建筑节能设计标准》给出常见遮阳形式的 S_D 值，见表 1-7。

常见遮阳形式的遮阳系数　　　　　　　　　　　　　　表 1-7

遮阳形式	S_D
可完全遮挡直射阳光（可以有散射光透进）的固定百叶（挡板）、遮阳板	0.5
可基本遮挡直射阳光的固定百叶、固定挡板、遮阳板	0.7
较密花格	0.7
非透明活动百叶或卷帘	0.6
备注	位于窗口上方的上一楼层阳台可作为不透光水平遮阳板考虑

1.2.15 体形系数（S）

建筑物与室外大气接触的外表面积与其所包围的体积的比值 F_e/V_e，称为建筑结构的体形系数。其具体计算过程见图 1-2。体形系数越小，单位建筑面积对应的外表面积越小，外围护结构的传热损失就越小。因此，从降低建筑能耗的角度出发，应该将体形系数控制在一个较低的水平。通常，建筑物的体形系数宜控制在 0.30 以下。在建筑设计过程中，应尽可能地减少房间的外围护面积，避免因体形复杂和凹凸过多造成外墙面积太大而提高体形系数。

1.2.16 飘窗

飘窗指飘出建筑立面的窗子，一般呈矩形或梯形向室外凸起，如图 1-3 所示。传统的平窗只有一面玻璃，飘窗三面都装有玻璃。以 1.5m×1.2m×0.4m 的飘窗为例,其外表面积为 3.96m^2,体积为 0.72m^3,自身的体形系数为5.5。例如,某六层建筑,每层四户,两部楼梯。原有外表面积为 2113m^2,原有体积为 6572m^3,体形系数为0.322。若每户有一扇窗改为上述飘窗,则体形系数变为0.335,增加0.013。

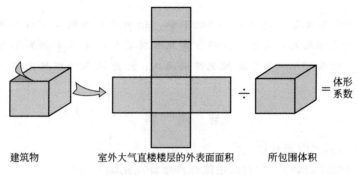

图 1-2　体形系数过程计算图

图 1-3　飘窗的实际应用效果

1.2.17　窗墙面积比以及平均窗墙面积比

(1)窗墙面积比

窗户洞口面积与其所在外立面面积的比值,如图1-4所示。一般说来,窗墙面积比越大,建筑物的能耗也越大。

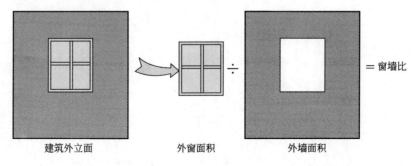

图 1-4　窗墙比计算过程

（2）平均窗墙面积比 C_M

整栋建筑外墙面上的窗及阳台门的透明部分的总面积与整栋建筑的外墙面的总面积（包括其中的窗及阳台门的透明部分面积）之比。

项 目 小 结

本项目着重简述了建筑节能工作的现状，指出建筑节能工作任重道远。分析了建筑节能的内涵与具体要求。介绍了常见的建筑节能常见术语和概念。通过本项目的学习，使学习者能够了解建筑节能意义，把握建筑节能的内涵，掌握建筑节能的重要术语。

思 考 题

1. 建筑节能的内涵是什么？
2. 何为建筑的热桥，它对建筑能耗产生什么影响？
3. 导热系数与传热系数的区别是什么？
4. 请详细阐述长三角地区为什么要重视隔热措施？

项目2 建筑节能标准

项 目 概 要

本项目共分为4节内容，依次介绍建筑节能与气候分区、节能标准体系、《夏热冬冷地区居住建筑节能标准》、《公共建筑节能设计标准》。选择《夏热冬冷地区建筑节能标准》、《公共建筑节能设计标准》进行讲解说明，使学习者真正理解节能体系的综合性和完整性。

2.1 建筑节能与气候分区

根据《民用建筑热工设计规范》GB 50176—93，我国气候分五个区域：严寒地区，寒冷地区，夏热冬冷地区，夏热冬暖地区，温和地区，如图 2-1 所示。

图 2-1 中国气候分区图

建筑节能设计应与地区气候相适应，建筑节能设计分区及设计要求见表 2-1，典型气候代表性城市见表 2-2。

建筑节能设计分区及设计要求 表 2-1

分区名称	分区指标		设计要求
	主要指标	辅助指标	
严寒地区	最冷月平均温度≤-10℃	日平均温度≤5℃的天数≥145d	必须充分满足冬季保温要求，一般可不考虑夏季防热
寒冷地区	最冷月平均温度0～-10℃	日平均温度≤5℃的天数90～145d	应满足冬季保温要求，部分地区兼顾夏季防热
夏热冬冷地区	最冷月平均温度为0～10℃，最热月平均温度25～30℃	日平均温度≤5℃的天数0～90d；日平均温度≥25℃的天数40～110d	必须满足夏季防热要求，适当兼顾冬季保温
夏热冬暖地区	最冷月平均温度为>10℃，最热月平均温度25～29℃	日平均温度≥25℃的天数100～200d	必须充分满足夏季防热要求，一般可不考虑冬季保温
温和地区	最冷月平均温度0～13℃，最热月平均温度18～25℃	日平均温度≤5℃的天数0～90d	部分地区应考虑冬季保温，一般可不考虑夏季防热

气候分区代表性城市 表 2-2

气候分区	代表性城市
严寒地区 A 区	海伦、博克图、伊春、呼玛、海拉尔、满洲里、齐齐哈尔、富锦、哈尔滨、牡丹江、克拉玛依、佳木斯、安达

续表

气候分区	代表性城市
严寒地区 B 区	长春、乌鲁木齐、延吉、通辽、通化、四平、呼和浩特、抚顺、大柴旦、沈阳、大同、本溪、阜新、哈密、鞍山、张家口、酒泉、伊宁、吐鲁番、西宁、银川、丹东
寒冷地区	兰州、太原、唐山、阿坝、喀什、北京、天津、大连、阳泉、平凉、石家庄、德州、晋城、天水、西安、拉萨、康定、济南、青岛、安阳、郑州、洛阳、宝鸡、徐州
夏热冬冷地区	南京、蚌埠、盐城、南通、合肥、安庆、九江、武汉、黄石、岳阳、汉中、安康、上海、杭州、宁波、宜昌、长沙、南昌、株洲、永州、赣州、韶关、桂林、重庆、达县、万州、涪陵、南充、宜宾、成都、贵阳、遵义、凯里、绵阳
夏热冬暖地区	福州、莆田、龙岩、梅州、兴宁、英德、河池、柳州、贺州、泉州、厦门、广州、深圳、湛江、汕头、海口、南宁、北海、梧州

2.2 节能标准体系

2.2.1 建筑节能设计标准体系

20 世纪 80 年代末至今，建筑节能标准从东北三省严寒、寒冷地区，逐步推行到夏热冬冷地区和夏热冬暖地区；从建筑的新建、改建、扩建，逐步推行到既有建筑的改造；从单一的居住建筑向公共建筑领域推进。目前，已颁布专门用于建筑节能的标准有《严寒和寒冷地区居住建筑节能设计标准》JGJ 26—2010、《夏热冬冷地区居住建筑节能设计标准》JGJ 134—2001、《夏热冬暖地区居住建筑节能设计标准》JGJ 75—2003、《采暖居住建筑节能检验标准》JGJ 132—2001、《公共建筑节能设计标准》GB 50189—2005 等。2007 年 10 月 1 日《建筑节能工程施工验收规范》GB 50411—2007 正式实施，2008 年国务院颁布了《民用建筑节能条例》（国务院令第 530 号），并于当年 10 月 1 日开始实施。节能标准包括两大类：工程建设标准和节能产品标准，见表 2-3。

节 能 标 准 体 系 表 2-3

类别	具体节能标准
工程建设节能标准	《民用建筑设计通则》GB 50352—2005
	《建筑气候区划标准》GB 50178—93
	《建筑照明设计标准》GB 50034—2004
	《建筑采光设计标准》GB/T 50033—2001
	《民用建筑热工设计规范》GB 50176—93
	《严寒和寒冷地区居住建筑节能设计标准》JGJ 26—2010
	《夏热冬暖地区居住建筑节能设计标准》JGJ 75—2003
	《夏热冬冷地区居住建筑节能设计标准》JGJ 134—2001
	《外墙外保温工程技术规程》JGJ 144—2004
	《砌体结构设计规范》GB 50003—2001

类别	具体节能标准
工程建设节能标准	《节能监测技术通则》GB/T 15316—94
	《设备及管道保温设计导则》GB/T 8175—87
	《玻璃幕墙工程技术规范》JGJ 102—2003
	《采暖通风与空气调节设计规范》GB 50019—2003
	《通风与空调工程施工及验收规范》GB 50243—2002
	《地源热泵系统工程技术规范》GB 50366—2005
	《空气调节系统经济运行》GB/T 17981—2000
	《民用建筑电气设计规范》JGJ/T 16—92
	《地下建筑照明设计标准》CECS 45：92
	《建筑用省电装置应用技术规程》CECS 163：2004
产品节能标准	《建筑外窗气密性能分级及检测方法》GB/T 7107—2002
	《建筑外窗保温性能分级及检测方法》GB/T 8484—2002
	《建筑外窗采光性能分级及其检测方法》GB/T 11976—2002
	《建筑外门的空气渗透性能和雨水渗漏性能检测方法》GB/T 13686—92
	《钢窗建筑物理性能分级》GB/T 13684—92
	《建筑幕墙物理性能分级》GB/T 15225—94
	《建筑幕墙空气渗透性能检测方法》GB/T 15226—94
	《建筑幕墙雨水渗漏性能检测方法》GB/T 15228—94
	《建筑外门保温性能分级及其检测方法》GB/T 16729—1997
	《PVC 塑料窗建筑物理性能分级》GB/T 11793.1—89
	《PVC 塑料门》JG/T 3017—94
	《PVC 塑料窗》JG/T 3018—94
	《铝合金门》GB/T 8478—2003
	《铝合金窗》GB/T 8479—2003
	《中空玻璃》GB/T 11944—2002
	《建筑幕墙》JG 3035—1996
	《外墙内保温板》JG/T 159—2004
	《膨胀聚苯板薄抹灰外墙外保温系统》JG 149—2003
	《胶粉聚苯颗粒外墙外保温系统》JG 158—2004
	《膨胀珍珠岩绝热制品》GB/T 10303—2001
	《建筑用热流计》JG/T 3016—94
	《组合式空调机组》GB/T 14294—93
	《风机盘管机组》GB/T 19232—2003
	《单元式空气调节机》GB/T 17758—1999
	《房间空气调节器》GB/T 7725—2004
	《房间空气调节器能效限定值及能源效率等级》GB 12021.3—2004

续表

类别	具体节能标准
产品节能标准	《单元式空气调节机能效限定值及能源效率等级》GB 19576—2004
	《活塞式单级制冷机组及其供冷系统节能监测方法》GB/T 15912—1995
	《冷水机组能效限定值及能源效率等级》GB 19577—2004
	《延时节能照明开关通用技术条件》JG/T 7—1999
	《家用燃气取暖器》CJ/T 113—2000
	《家用燃气快速热水器》GB 6932—94
	《常压容积式燃气热水器》CJ/T 3031—95
	《蒸汽压缩循环冷水(热泵)机组——户用和类似用途的冷水(热泵)机组》GB/T 18430.2—2001
	《水源热泵机组》GB/T 19409—2003
	《直燃型溴化锂吸收式冷(温)水机组》GB/T 18362—2001
	《蒸汽和热水型溴化锂吸收式冷水机组》GB/T 18431—2001
	《多联式空调(热泵)机组》GB/T 18837—2002

2.2.2　建筑节能设计标准

建筑节能已具备完整的标准体系，如图 2-2 所示。

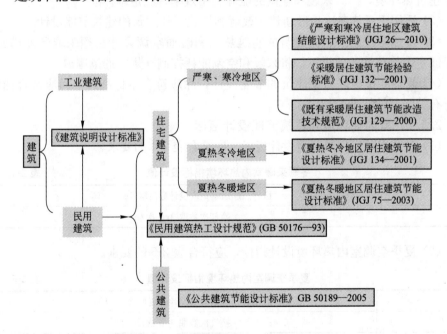

图 2-2　中国建筑节能设计标准体系图

2.2.3　建筑节能标准体系

《夏热冬冷地区居住建筑节能设计标准》JGJ 134—2001 和《公共建筑节能设计标准》GB 50189—2005 在建筑节能标准体系中占有重要地位，本章将重点进行介绍。

2.3 夏热冬冷地区居住建筑节能设计标准

夏热冬冷地区的范围大致为陇海线以南，南岭以北，四川盆地以东，包括上海、重庆二直辖市；湖北、湖南、江西、安徽、浙江五省全部；四川、贵州二省东半部；江苏、河南二省南半部；福建省北半部；陕西、甘肃二省南端；广东、广西二省区北端。该地区面积约为 180 万平方公里，人口为 5.5 亿左右，国内生产总值约占全国的 48%。夏热冬冷地区气候的特点是夏季气温高，最热月平均气温 25～30℃。最高气温达 40℃以上，空气湿度大，相对湿度在 70%～80%。而冬季天气比较阴冷，最冷月平均气温 4℃，最冷气温达零下 10℃以下。夏热冬冷地区的建筑节能已经成为我国建筑节能的关键区域之一。

《夏热冬冷地区居住建筑节能设计标准》主要技术内容是：总则、术语、室内热环境和建筑节能设计指标、建筑和建筑热工节能设计、建筑物的节能综合指标以及采暖、空调和通风节能设计等 6 部分内容。

2.3.1 总则

(1) 为贯彻国家有关节约能源、环境保护的法规和政策，改善夏热冬冷地区居住建筑热环境，提高采暖和空调的能源利用效率，制定本标准。

(2) 适用于夏热冬冷地区新建、改建和扩建居住建筑的建筑节能设计。

(3) 夏热冬冷地区居住建筑的建筑热工和暖通空调设计必须采取节能措施，在保证室内热环境的前提下，将采暖和空调能耗控制在规定的范围内。

(4) 夏热冬冷地区居住建筑的节能设计，除应符合本标准外，尚应符合国家现行有关强制性标准的规定。

2.3.2 室内热环境和建筑节能设计指标

(1) 冬季采暖室内热环境设计指标，应符合表 2-4 的要求。

冬季采暖室内热环境指标设计值 表 2-4

1	卧室、起居室室内设计温度取 16～18℃
2	换气次数取 1.0 次/h

(2) 夏季空调室内热环境设计指标，应符合表 2-5 的要求。

夏季空调室内热环境指标设计值 表 2-5

1	卧室、起居室室内设计温度取 26～28℃
2	换气次数取 1.0 次/h

(3) 居住建筑通过采用增强建筑围护结构保温隔热性能和提高采暖、空调设备能效比的节能措施，在保证相同的室内热环境指标的前提下，与未采取节能措施前相比，采暖、空调能耗应节约 50%。

2.3.3 建筑和建筑热工节能设计

建筑和建筑热工节能设计应符合表 2-6 的要求。围护结构各部分的传热系数和热惰性要求指标，不同朝向、不同窗墙面积比的外窗传热系数见表2-7、表2-8。

建筑热工节能设计注意事项 表2-6

1	建筑群的规划布置、建筑物的平面布置应有利于自然通风
2	建筑物的朝向宜采用南北向或接近南北向
3	条式建筑物的体形系数不应超过0.35，点式建筑物的体形系数不应超过0.40
4	外窗(包括阳台门的透明部分)的面积不应过大。不同朝向、不同窗墙面积比的外窗，其传热系数应符合相关规定
5	多层住宅外窗宜采用平开窗(密闭性更好)
6	外窗宜设置活动外遮阳
7	建筑物1~6层的外窗及阳台门的气密性等级，不应低于现行国家标准《建筑外窗空气渗透性能分级及其检测方法》GB 7107规定的Ⅲ级；7层及7层以上的外窗及阳台门的气密性等级，不应低于该标准规定的Ⅱ级
8	围护结构各部分的传热系数和热惰性指标应符合表2-7及表2-8的规定。其中外墙传热系数应考虑结构性冷桥的影响，取平均传热系数，其计算方法应符合相关规定
备注	居住建筑外窗的气密性，在10Pa压差下，每小时每米缝隙的空气渗透量和每小时每平方米面积的空气渗透量来判断；提示：级别越高，单位缝长或单位面积的气密性越好，透气越少

围护结构各部分的传热系数和热惰性要求指标 表2-7

屋顶	外墙	外窗 (含阳台门透明部分)	分户墙和楼板	底部自然通风 的架空楼板	户门
$K \leqslant 1.0$ $D \geqslant 3.0$	$K \leqslant 1.5$ $D \geqslant 3.0$	按表2-3的规定	$K \leqslant 2.0$	$K \leqslant 1.5$	$K \leqslant 3.0$
$K \leqslant 0.8$ $D \geqslant 2.5$	$K \leqslant 1.0$ $D \geqslant 2.5$				

不同朝向、不同窗墙面积比的外窗传热系数 表2-8

朝向	窗外环境条件	外窗的传热系数 K [W/(m²·K)]				
		窗墙面积比 $\leqslant 0.25$	窗墙面积比 > 0.25 且$\leqslant 0.30$	窗墙面积比 > 0.30 且$\leqslant 0.35$	窗墙面积比 > 0.35 且$\leqslant 0.45$	窗墙面积比 > 0.45 且$\leqslant 0.50$
北(偏东60°到偏西60°范围)	冬季最冷月室外平均气温>5℃	4.7	4.7	3.2	2.5	—
	冬季最冷月室外平均气温≤5℃	4.7	3.2	3.2	2.5	—
东、西(东或西偏北30°到偏南60°范围)	无外遮阳措施	4.7	3.2	—	—	—
	有外遮阳(其太阳辐射透过率≤20%)	4.7	3.2	3.2	2.5	2.5
南(偏东30°到偏西30°范围)		4.7	4.7	3.2	2.5	2.5

2.3.4 建筑物的节能综合指标

(1)当设计的居住建筑无法满足前述各项规定时,则应按相关规定计算和判定建筑物节能综合指标(性能化方法),见表2-9。

规定性方法和性能化方法 表2-9

1	规定性方法(查表法),如果建筑设计符合标准中对窗墙比、体形系数等参数的规定,可以方便地按所设计建筑的所在城市(或靠近城市)查取标准中的相关表格得到的围护结构节能设计参数值;规定性方法操作容易、简便
2	性能化方法(计算法),如设计不能满足上述对窗墙比等参数的规定,必须使用权衡判断法来判定围护结构的总体热工性能是否符合节能要求,权衡判断法需要进行全年采暖和空调能耗计算。性能化方法则给设计者更多、更灵活的余地

(2)采用建筑物耗热量、耗冷量指标和采暖、空调全年用电量为建筑物的节能综合指标。

(3)建筑物的节能综合指标应采用动态方法计算。

(4)建筑节能综合指标应按表2-10计算。

综合指标计算条件 表2-10

1	居室室内计算温度,冬季全天为18℃;夏季全天为26℃
2	室外气象计算参数采用典型气象年
3	采暖和空调时,换气次数为1.0次/h
4	采暖、空调设备为家用空气源热泵空调器,空调额定能效比取2.3,采暖额定能效比取1.9
5	室内照明得热为每平方米每天0.0141kW·h。室内其他得热平均强度4.3W/m²
6	建筑面积和体积应按相关规定进行
备注	① 能效比,就是名义制冷(热)量与运行功率之比,即EER和COP ② 根据热力学第二定律,热可以自发地由高温物体传向低温物体,而由低温物体传向高温物体则必须做功。热泵系统实现了把能量由低温物体向高温物体的传递,它是以花费一部分高质能(电能)为代价,从自然环境中获取能量,并连同所花费的高质能一起向用户供热。热泵的供热量大于所消耗的功率,是综合利用能源的一种很有价值的措施 ③ EER是空调器的制冷性能系数,也称能效比,表示空调器的单位功率制冷量。COP是空调器的制热性能系数,表示空调器的单位功率制热量 ④ 数学表达式为:EER=制冷量/制冷消耗功率 COP=制热量/制热消耗功率;EER和COP越高,空调器能耗越小,性能比越高

(5)计算出每栋建筑的采暖年耗电量和空调年耗电量之和,不应超过表2-11的要求,即按采暖度日数列出的采暖年耗电量和按空调度日数列出的空调年耗电量限值之和。

节能综合指标要求 表2-11

HDD18 (℃·d)	耗热量指标 q_h(W/m²)	采暖年耗电量 E_h(kW·h/m²)	CDD26 (℃·d)	耗冷量指标 (W/m²)	空调年耗电量 E_c(kW·h/m²)
800	10.1	11.1	25	18.4	13.7
900	10.9	13.4	50	19.9	15.6
1000	11.7	15.6	75	21.3	17.4

2.3.5　采暖、空调和通风节能设计

（1）居住建筑采暖、空调方式及其设备的选择，应根据当地资源情况，经过技术经济分析及用户对设备运行费用的承担能力综合考虑确定。

（2）居住建筑当采用集中采暖、空调时，应设计分室（户）温度控制及分户热（冷）量计量设施，见表 2-12。

采暖系统节能设计规定　　　　　　　　　　表 2-12

1	采暖系统其他节能设计应符合现行行业标准《严寒和寒冷地区居住建筑节能设计标准》JGJ 26—2010 中的有关规定
2	集中空调系统设计应符合现行国家标准《旅游旅馆建筑热工与空气调节节能设计标准》GB 50189 中的有关规定

（3）居住建筑采暖通常不宜采用直接电热式采暖设备。

（4）居住建筑进行夏季空调、冬季采暖时，宜采用电驱动的热泵型空调器（机组），或燃气（油）、蒸汽或热水驱动的吸收式冷（热）水机组，或采用低温地板辐射采暖方式，或采用燃气（油、其他燃料）的采暖炉采暖等。

（5）居住建筑采用燃气为能源的家用采暖设备或系统时，燃气采暖器的热效率应符合国家现行有关标准中的规定值。

（6）居住建筑采用分散式（户式）空气调节器（机）进行空调（及采暖）时，其能效比、性能系数应符合国家现行有关标准中的规定值。居住建筑采用集中采暖空调时，作为集中供冷（热）源的机组，其性能系数应符合现行有关标准中的规定值。

（7）具备地面水资源（如江河、湖水等），有适合水源热泵运行温度的废水等水源条件时，居住建筑采暖空调设备宜采用水源热泵。当采用地下井水为水源时，应确保有回灌措施，确保水源不被污染，并应符合当地有关规定；具备可供地热源热泵机组埋管用的土壤面积时，宜采用埋管式地热源热泵。

（8）居住建筑采暖、空调设备，应优先采用符合国家现行标准规定的节能型采暖、空调产品。

（9）应鼓励在居住建筑小区采用热、电、冷联产技术，在住宅建筑中采用太阳能、地热等可再生能源，见表 2-13。

热、电、冷联产　　　　　　　　　　　表 2-13

1	热、电、冷联产是一种建立在能的梯级利用概念基础上，将制冷、供热（采暖和供热水）及发电过程一体化的多联产总能系统。目的在于提高能源利用效率，减少碳化物及有害气体的排放。随着我国经济的持续发展，能源的需求量不断增大，对环境的保护越来越受到重视，热、电、冷三联产就是在此种情况下发展起来的
2	锅炉产生的具有较高品位的热能蒸汽首先通过汽轮机发电，同时利用汽轮机的抽气或排汽冬季向用户供热，夏季利用吸收式制冷机向用户供冷。热、电、冷三联供稳定了用户的用气量，增大了发电机组夏天的发电量，降低了电站的发电煤耗，有利于减轻温室效应和保护臭氧层

（10）未设置集中空调、采暖的居住建筑，在设计统一的分体空调器室外机安放搁板时，应充分考虑其位置有利于空调器夏季排放热量、冬季吸收热量，并应防止对室内产生热污染及噪声污染。

(11)居住建筑通风设计应处理好室内气流组织,提高通风效率。厨房、卫生间应安装局部机械排风装置。对采用采暖、空调设备的居住建筑,可采用机械换气装置(热量回收装置)。

2.4 公共建筑节能设计标准

我国既有公共建筑近 40 亿 m^2,且每年城镇新建公共建筑 3~4 亿 m^2。大型高档公共建筑的单位面积能耗约为城镇普通居住建筑能耗的 10~15 倍,一般公共建筑的能耗是普通居住建筑能耗的 5 倍。制定并实施公共建筑节能设计标准,有利于改善公共建筑的热环境,提高暖通空调系统的能源利用效率,从根本上扭转公共建筑用能严重浪费的状况。

《公共建筑节能设计标准》GB 50189—2005,2005 年 7 月 1 日正式实施,共包括 5 章和 3 个附录。

2.4.1 总则

(1)为贯彻国家有关法律法规和方针政策,改善公共建筑的室内环境,提高能源利用效率,制定本标准。

(2)适用于新建、改建和扩建的公共建筑,见表 2-14。

公共建筑类型 表 2-14

序号	建筑类型	具体内容
1	教育建筑	托儿所、幼儿园、中小学校、中等专业学校、高等院校、职业学校、特殊教育学校等
2	办公建筑	行政办公楼、专业办公楼、商务办公楼等
3	科学研究建筑	实验室、科研楼、天文台等
4	文化娱乐建筑	图书馆、博物馆、档案馆、文化馆、展览馆、影剧院、音乐厅、海洋馆、游乐场、歌舞厅等
5	商业服务建筑	商场、超级市场、菜市场、旅馆、餐馆、洗浴中心、美容中心、银行、邮政、电信楼、殡仪馆等
6	体育建筑	体育场、体育馆、游泳馆、健身房等
7	医疗建筑	综合医院、专科医院、社区医疗所、康复中心、急救中心、疗养院等
8	交通建筑	汽车客运站、港口客运站、铁路旅客站、空港航站楼、城市轨道客运站、停车库等
9	政法建筑	公安局、检察院、法院、派出所、监狱、看守所、海关、检查站等
10	纪念建筑	纪念馆、纪念碑、纪念塔、故居等
11	园林景观建筑	公园、动物园、植物园、旅游景点建筑、城市和居住区建筑小品等
12	宗教建筑	教堂、清真寺、寺庙等

(3)按本标准进行的建筑节能设计,在保证相同的室内环境参数条件下,与未采取节能措施前相比,全年采暖、通风、空气调节和照明的总能耗应减少

50%。公共建筑的照明节能设计应符合国家现行标准《建筑照明设计标准》GB 50034—2004 的有关规定。

各类公共建筑的节能设计，必须根据当地的具体气候条件，在保证室内热环境质量，提高人民的生活水平的同时，提高采暖、通风、空调和照明系统的能源利用效率，完成本阶段节能 50% 的任务。节能率的具体内涵见表 2-15 。

节　能　率　　　　　　　　　　　　　　　　表 2-15

序号	重要概念	具体内容
1	节能 50% 内涵	即以 20 世纪 80 年代改革开放初期建造的公共建筑作为比较能耗的基础，称为"基准建筑（Baseline）"。"基准建筑"围护结构、暖通空调设备及系统、照明设备的参数，都按当时情况选取。在保持与目前标准约定的室内环境参数的条件下，计算"基准建筑"全年的暖通空调和照明能耗，将它作为 100%。再将这"基准建筑"按本标准的规定进行参数调整，即围护结构、暖通空调、照明参数均按本标准规定设定，计算其全年的暖通空调和照明能耗，应该相当于 50%
2	基准建筑	"基准建筑"围护结构的构成、传热系数、遮阳系数，按照以往 20 世纪 80 年代传统做法，即外墙 K 值取 1.28W/(m²·K)（哈尔滨）；1.70W/(m²·K)（北京）；2.00W/(m²·K)（上海）；2.35W/(m²·K)（广州）。屋顶 K 值取 0.77W/(m²·K)（哈尔滨）；1.26W/(m²·K)（北京）；1.50W/(m²·K)（上海）；1.55W/(m²·K)（广州）。外窗 K 值取 3.26W/(m²·K)（哈尔滨）；6.40W/(m²·K)（北京）；6.40W/(m²·K)（上海）；6.40W/(m²·K)（广州），遮阳系数 S_C 均取 0.80。采暖热源设定燃煤锅炉，其效率为 0.55；空调冷源设定为水冷机组，离心机能效比 4.2，螺杆机能效比 3.8；照明参数取 25W/m²

（4）公共建筑的节能设计，除应符合本标准的规定外，尚应符合国家现行有关标准的规定

2.4.2　室内环境节能设计计算参数

（1）公共建筑主要空间的设计新风量，应符合表 2-16 的规定。

公共建筑主要空间的设计新风量　　　　　　表 2-16

建筑类型与房间名称			新风量（m³/h·p）
旅游旅馆	客房	5 星级	50
		4 星级	40
		3 星级	30
	餐厅、宴会厅、多功能厅	5 星级	30
		4 星级	25
		3 星级	20
		2 星级	15
	大堂、四季厅	4～5 星级	10
	商业、服务	4～5 星级	20
		2～3 星级	10
旅店	客房	1～3 星级	30
		4 星级	20

建筑类型与房间名称			新风量（m³/h·p）
文化娱乐	影剧院、音乐厅、录像厅		20
	游艺厅、舞厅（包括卡拉 OK 歌厅）		30
	酒吧、茶座、咖啡厅		10
体育馆			20
商场（店）、书店			20
饭馆（餐厅）			20
办公			30
学校	教室	小学	11
		初中	14
		高中	17

（2）集中采暖系统空气调节系统室内计算参数应符合表 2-17 的规定。

空气调节系统室内计算参数 表 2-17

参　　数		冬季	夏季
温度（℃）	一般房间	20	25
	大堂、过厅	18	室内外温差≤10
风速 v(m/s)		$0.10 \leqslant v \leqslant 0.20$	$0.15 \leqslant v \leqslant 0.30$
相对湿度（%）		30～60	40～65

2.4.3　建筑与建筑热工设计

（1）建筑总平面的布置和设计，宜利用冬季日照并避开冬季主导风向，利用夏季自然通风。建筑的主朝向宜选择本地区最佳朝向或接近最佳朝向。

朝向选择的原则是冬季能获得足够的日照并避开主导风向，夏季能利用自然通风并防止太阳辐射。通过多方面因素分析，优化建筑的规划设计，尽量避免东、西向日晒。

（2）严寒、寒冷地区建筑的体形系数应小于或等于 0.40。当不能满足条文规定时，必须按《公共建筑节能设计标准》GB 50189—2005 的规定进行权衡判断。

（3）根据建筑所处城市的建筑气候分区，围护结构的热工性能应分别符合表 2-18、表 2-19 和表 2-20 的规定。其中外墙的传热系数为包括结构性热桥在内的平均值。当建筑所处城市属于温和地区时，应判断该城市的气象条件与表 2-2 的哪个城市最接近，围护结构的热工性能应符合哪个城市所属气候分区的规定。

夏热冬冷地区围护结构传热系数和遮阳系数限值 表 2-18

围护结构部位	传热系数 K [W/(m²·K)]
屋面	≤0.70
外墙（包括非透明幕墙）	≤1.0
底面接触室外空气的架空或外挑楼板	≤1.0

续表

外窗（包括透明幕墙）		传热系数 K [W/(m²·K)]	遮阳系数 S_C（东、南、西向/北向）
单一朝向外窗（包括透明幕墙）	窗墙面积比≤0.2	≤4.7	—
	0.2<窗墙面积比≤0.3	≤3.5	≤0.55/—
	0.3<窗墙面积比≤0.4	≤3.0	≤0.50/0.60
	0.4<窗墙面积比≤0.5	≤2.8	≤0.45/0.55
	0.5<窗墙面积比≤0.7	≤2.5	≤0.40/0.50
屋顶透明部分		≤3.0	≤0.40
备注		有外遮阳时，遮阳系数＝玻璃的遮阳系数×外遮阳的遮阳系数；无外遮阳时，遮阳系数＝玻璃的遮阳系数	

夏热冬暖地区围护结构传热系数和遮阳系数限值　　　　表 2-19

围护结构部位		传热系数 K [W/(m²·K)]	
屋面		≤0.90	
外墙（包括非透明幕墙）		≤1.5	
底面接触室外空气的架空或外挑楼板		≤1.5	
外窗（包括透明幕墙）		传热系数 K [W/(m²·K)]	遮阳系数 S_C（东、南、西向/北向）
单一朝向外窗（包括透明幕墙）	窗墙面积比≤0.2	≤6.5	—
	0.2<窗墙面积比≤0.3	≤4.7	≤0.50/0.60
	0.3<窗墙面积比≤0.4	≤3.5	≤0.45/0.55
	0.4<窗墙面积比≤0.5	≤3.0	≤0.40/0.50
	0.5<窗墙面积比≤0.7	≤3.0	≤0.35/0.45
屋顶透明部分		≤3.5	≤0.35
备注		有外遮阳时，遮阳系数＝玻璃的遮阳系数×外遮阳的遮阳系数；无外遮阳时，遮阳系数＝玻璃的遮阳系数	

不同气候区地面和地下室外墙热阻限值　　　　表 2-20

气候分区	围护结构部位	热阻 R [(m²·K)/W]
严寒地区 A 区	地面：周边地面、非周边地面	≥2.0、≥1.8
	采暖地下室外墙（与土壤接触的墙）	≥2.0
严寒地区 B 区	地面：周边地面、非周边地面	≥2.0、≥1.8
	采暖地下室外墙（与土壤接触的墙）	≥1.8
严寒地区 C 区	地面：周边地面、非周边地面	≥1.5
	地下室外墙（与土壤接触的墙）	≥1.5
夏热冬冷地区	地面	≥1.2
	地下室外墙（与土壤接触的墙）	≥1.2

续表

气候分区	围护结构部位	热阻 R $[(m^2 \cdot K)/W]$
夏热冬暖地区	地面	≥1.0
	地下室外墙(与土壤接触的墙)	≥1.0
备注	① 周边地面系指距外墙内表面2m以内的地面;地面热阻系指建筑基础持力层以上各层材料的热阻之和;地下室外墙热阻系指土壤以内各层材料的热阻之和 ② 在夏热冬冷、夏热冬暖地区,由于空气湿度大,墙面和地面容易返潮。在地面和地下室外墙做保温层增加地面和地下室外墙的热阻,提高这些部位内表面温度,可减少地表面和地下室外墙内表面温度与室内空气温度间的温差,有利于控制和防止地面和墙面的返潮。因此对地面和地下室外墙的热阻作出了规定	

(4) 外墙与屋面的热桥部位的内表面温度不应低于室内空气露点温度

主要是防止冬季采暖期间热桥内外表面温差小,内表面温度容易低于室内空气露点温度,造成围护结构热桥部位内表面产生结露;避免夏季空调期间这些部位传热过大增加空调能耗。内表面结露,会造成围护结构内表面材料受潮,影响室内环境。因此,应采取保温措施,减少围护结构热桥部位传热损失。

(5) 建筑每个朝向的窗(包括透明幕墙)墙面积比均不应大于 0.70

当窗(包括透明幕墙)墙面积比小于 0.40 时,玻璃(或其他透明材料)的可见光透射比不应小于 0.4。当不能满足本条规定时,必须按《公共建筑节能设计标准》GB 50189—2005 的规定判断。

每个朝向窗墙面积比是指每个朝向外墙面上的窗、阳台门及幕墙的透明部分的总面积与所在朝向建筑的外墙面的总面积(包括该朝向上的窗、阳台门及幕墙的透明部分的总面积)之比。一般普通窗户(包括阳台门的透明部分)的保温隔热性能比外墙差很多,窗墙面积比越大,采暖和空调能耗也越大。因此,从降低建筑能耗的角度出发,必须限制窗墙面积比。窗、透明幕墙对建筑能耗高低的影响主要有两个方面,一是窗和透明幕墙的热工性能影响到冬季采暖、夏季空调室内外温差传热;另外就是窗和幕墙的透明材料(如玻璃)受太阳辐射影响而造成的建筑室内的得热。夏季,通过窗口和透明幕墙进入室内的太阳辐射成为空调降温的负荷,因此,减少进入室内的太阳辐射以及减小窗或透明幕墙的温差传热都是降低空调能耗的途径。由于不同纬度、不同朝向的墙面太阳辐射的变化很复杂,墙面日辐射强度和峰值出现的时间是不同的,因此,不同纬度地区窗墙面积比也应有所差别。

条文规定是强制性条文,如果设计的建筑满足不了规定性指标的要求,则必须按标准的规定对该建筑进行权衡判断。权衡判断时参照建筑的窗墙面积比、窗的传热系数等必须遵守本条规定。

(6) 夏热冬暖地区、夏热冬冷地区的建筑以及寒冷地区中制冷负荷大的建筑,外窗(包括透明幕墙)宜设置外部遮阳,外部遮阳的遮阳系数按本标准进行确定。

公共建筑的窗墙面积比较大,因而太阳辐射对建筑能耗的影响很大。为了节约能源,应对窗口和透明幕墙采取外遮阳措施,尤其是南方办公建筑和宾馆更要重视遮阳。太阳辐射通过窗进入室内的热量是造成夏季室内过热的主要原因。我国现有的窗户传热系数普遍偏大,空气渗透严重,而且大多数建筑无遮阳设施。

因此，在表2-18和表2-19中分别对外窗和透明幕墙的遮阳系数作出明确的规定。当窗和透明幕墙设有外部遮阳时，表中的遮阳系数应该是外部遮阳系数和玻璃（或其他透明材料）遮阳系数的乘积。夏季，南方水平面太阳辐射强度可高达1000W/m²以上，在这种强烈的太阳辐射条件下，阳光直射到室内，将严重地影响建筑室内热环境，增加建筑空调能耗。因此，减少窗的辐射传热是建筑节能中降低窗口得热的主要途径。应采取适当遮阳措施，防止直射阳光的不利影响。而且夏季不同朝向墙面辐射热变化很复杂，不同朝向墙面热辐射强度和峰值出现的时间不同，因此，不同的遮阳方式直接影响到建筑能耗的大小。

（7）屋顶透明部分的面积不应大于屋顶总面积的20%

夏季屋顶水平面太阳辐射强度最大，屋顶透明面积越大，相应建筑的能耗也越大，因此，对屋顶透明部分的面积和热工性能应予以严格的限制。对于那些需要视觉、采光效果加大屋顶透明面积的建筑，如果设计的建筑满足不了规定性指标要求，则必须按标准的规定对该建筑进行权衡判断。权衡判断时，参照建筑的屋顶透明部分面积和热工性能必须符合本条的规定。

（8）建筑中庭夏季应利用通风降温，必要时设置机械排风装置

公共建筑形式的多样化和建筑功能的需要，公共建筑设计许多有室内中庭，希望在建筑的内区有一个通透明亮，具有良好的微气候及人工生态环境的公共空间。但工程实践证明，大量的建筑中庭的热环境不理想且能耗很大，主要原因是中庭透明材料的热工性能较差，传热损失和太阳辐射得热过大。1988年8月深圳建筑科学研究所对深圳一公共建筑中庭进行现场测试，中庭四层内走廊气温达到40℃以上，平均热舒适值PMV≥2.63，即使采用空调室内也无法达到人们所要求的舒适温度。

建筑中庭空间高大，在炎热的夏季，中庭内的温度很高。应考虑在中庭上部的侧面开设一些窗户或其他形式的通风口，充分利用自然通风，达到降低中庭温度的目的。必要时，应考虑在中庭上部的侧面设置排风机加强通风，改善中庭热环境。

（9）外窗的可开启面积不应小于窗面积的30%；透明幕墙应具有可开启部分或设有通风换气装置

本条规定是为了使室内人员在较好的室外气象条件下，可以通过开启外窗通风来获得热舒适性和良好的室内空气品质。公共建筑一般室内人员密度比较大，建筑室内空气流动，特别是自然、新鲜空气的流动，是保证建筑室内空气质量符合国家有关标准的关键。无论在北方地区还是在南方地区，在春、秋季节和冬、夏季的某些时段普遍有开窗加强房间通风的习惯，这也是节能和提高室内热舒适性的重要手段。

外窗的可开启面积过小会严重影响建筑室内的自然通风效果。近来有些建筑为了追求外窗的视觉效果和建筑立面的设计风格，外窗的可开启率有逐渐下降的趋势，有的甚至使外窗完全封闭，导致房间自然通风不足，不利于室内空气流通和散热，不利于节能。有研究表明：当室外干球温度不高于28℃，相对湿度80%以下，室外风速在1.5m/s左右时，如果外窗的可开启面积不小于所在房间地面面积的8%，室内大部分区域基本能达到热舒适性水平；而当室内通风不畅或关

闭外窗，室内干球温度 26℃，相对湿度 80％左右时，室内人员仍然感到有些闷热。所以做好自然通风气流组织设计，保证一定的外窗可开启面积，可以减少房间空调设备的运行时间，节约能源，提高舒适性。为了保证室内有良好的自然通风，明确规定外窗的可开启面积不应小于窗面积的 30％是必要的。

（10）严寒地区建筑的外门应设门斗，寒冷地区建筑的外门宜设门斗或应采取其他减少冷风渗透的措施。其他地区建筑外门也应采取保温隔热节能措施。

（11）外窗的气密性不应低于《建筑外窗气密性能分级及其检测方法》GB 7107 规定的 4 级。

（12）透明幕墙气密性不应低于《建筑幕墙物理性能分级》GB/T 15225 规定的 3 级。

2.4.4　围护结构热工性能的权衡判断

（1）首先计算参照建筑在规定条件下的全年采暖和空气调节能耗，然后计算所设计建筑在相同条件下的全年采暖和空气调节能耗，当所设计建筑的采暖和空气调节能耗不大于参照建筑的采暖和空气调节能耗时，判定围护结构的总体热工性能符合节能要求。当所设计建筑的采暖和空气调节能耗大于参照建筑的采暖和空气调节能耗时，应调整设计参数重新计算，直至所设计建筑的采暖和空气调节能耗不大于参照建筑的采暖和空气调节能耗。

（2）参照建筑的形状、大小、朝向、内部的空间划分和使用功能应与所设计建筑完全一致。在严寒和寒冷地区，当所设计建筑的体形系数大于本标准相关规定时，参照建筑的每面外墙均应按比例缩小，使参照建筑的体形系数符合标准规定。当所设计建筑的窗墙面积比大于标准有关规定时，参照建筑的每个窗户（透明幕墙）均应按比例缩小，使参照建筑的窗墙面积比符合标准规定。当所设计建筑的屋顶透明部分的面积大于本标准有关规定时，参照建筑屋顶透明部分的面积应按比例缩小，使参照建筑屋顶透明部分的面积符合标准有关规定。

（3）参照建筑外围护结构热工性能参数取值应完全符合标准相关规定。

（4）所设计建筑和参照建筑全年采暖和空气调节能耗的计算必须按照标准相关规定进行。

项 目 小 结

本项目简述了气候分区概念，着重讲述建筑与气候分区的内容与具体要求，阐述了节能标准体系。详细介绍了夏热冬冷地区节能设计标准和公共建筑节能设计标准等具体内容。通过本项目的学习，使学习者掌握气候分区与建筑节能的关系和相应的节能设计方法手段。

思 考 题

1. 我国气候分为哪几个特征区域，各自气候特点如何？
2.《民用建筑节能设计标准》与《民用建筑热工规范》有何区别？
3. 公共建筑节能设计中，建筑物的体形系数是如何规定的？
4. 节能综合指标与规定性方法各有什么应用优势？

项目 3　建筑节能热力学基础

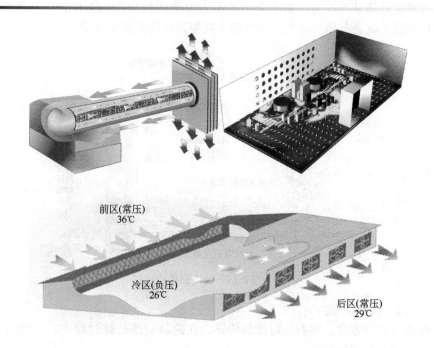

前区(常压)
36℃

冷区(负压)
26℃

后区(常压)
29℃

项 目 概 要

　　本项目共分为 4 节内容，介绍建筑传热现象、围护结构传热方式、湿空气的物理量描述、室内热环境及评价方法。主要对建筑节能热力学基础进行讲解说明，通过本章内容学习，使学习者了解必备的节能理论基础，理解建筑传热基本规律，运用所学的理论知识进行节能分析，掌握节能内涵。

3.1 建筑传热现象

3.1.1 传热

传热就是热量的传递，如图 3-1 所示为空调运行中的内部传热。自然界中，只要存在温差就会有传热现象，即热能由高温部位传至低温部位。

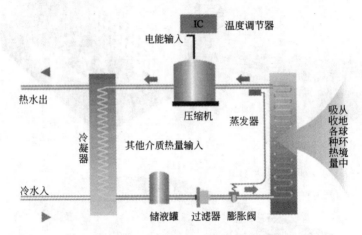

图 3-1 空调运行的内部传热过程

3.1.2 传热方式

传热有三种方式：辐射、对流和传导。在建筑物的传热过程中，一般为三种传热方式综合作用的结果。

（1）辐射

把热量以电磁波的形式从一个物体传向另一个物体的现象，如图 3-2 所示为辐射地板不断向室内传热。凡温度高于绝对零度的物体，都可以发射热辐射，同时也可以接收热辐射。

图 3-2 辐射地板的室内传热

（2）对流

流体与流体之间、流体与固体之间发生相对位移时所产生的热量交换现象。建筑对流传热主要是指室内空气和室外空气与建筑墙体壁面的热量传递。

（3）传导

同一物体内部或相互接触的两物体之间由于分子热运动，热量由高温位置向低温位置转移的现象。建筑传导传热主要是指墙体内侧和外侧温度不同所进行的热量传递。

3.1.3 人体的热量传递

为了保持体温，人体不间断地向周围环境散发热量。人体与室内环境的换热也是同时以辐射、对流、导热三种方式进行。人体的散热量决定于室内空气温度、风速、围护结构内表面温度。

3.2 围护结构传热方式

3.2.1 建筑中的热平衡

建筑的得热和失热各包括五个方面：

（1）得热部分

1）通过墙体和屋顶的太阳辐射得热；

2）通过窗（阳台门的透明部分）的太阳辐射得热；

3）居住者的人体散热；

4）电灯和其他家用设备散热；

5）采暖设备散热。

（2）失热部分

1）通过外围护结构的导热、对流和辐射向室外传热；

2）空气渗透和正常通风带走的热量；

3）建筑室内地面向室外地面传热；

4）室内水分蒸发，水蒸气排出室外所带走的热量；

5）制冷设备吸热（主要存在于夏季制冷时）。

为取得建筑中的热平衡，让室内处于稳定的适宜温度中，在室内达到热舒适环境后应采取各种技术手段使建筑得热总和等于建筑失热总和。

3.2.2 导热

直接接触的物体有温度差时，质点作热运动而引起的热能传递过程称为导热。在固体、液体、气体中都存在导热现象，但其各自的导热机理不同。固体：由平衡位置不变的质点振动引起导热。液体：通过平衡位置间歇移动着的分子振动引起导热。气体：分子作无规则运动时相互碰撞而导热。金属：通过自由电子的转移而导热。大多数建筑材料（固体）中的热传递为导热过程。

（1）温度场：在某一时刻物体内各点的温度分布。

1）不稳定温度场：温度分布随时间而变。

2）稳定温度场：温度分布不随时间而变。

（2）等温面：温度场中同一时刻有相同温度各点连成的面。

（3）热流密度（q）

1) 导热不能沿等温面进行,必须穿过等温面。

2) 热流密度(q):单位时间内,通过等温面上单位面积的热量。等温面上面积元 $dF(m^2)$,单位时间内通过的热量为 $dQ(W)$。

(4) 导热基本方程——傅立叶定律:

物体内导热的热流密度的分布与温度分布有密切关系。

傅立叶定律指出一个物体在单位时间、单位面积上传递的热量与在其法线方向的温度变化率成正比,其内容为:匀质材料内各点的热流密度与温度梯度的大小成正比。

(5) 导热系数

1) 导热系数 λ:指温度在其法线方向的变化率(温度梯度)为 1℃/m 时,在单位时间内通过单位面积的导热量。导热系数大,表明材料的导热能力强。其物理意义:在稳定传热状态下当材料厚度为 1m、两表面的温差为 1℃时,在 1 小时内通过 $1m^2$ 截面积的导热量。

2) 各种物质的导热系数,均由实验确定。以金属的导热系数最大,非金属和液体次之,气体最小。

3) 各种材料的导热系数 λ 值约为 [W/(m·K)]:气体 0.006~0.6;液体 0.07~0.7;建筑材料和绝热材料 0.025~3;金属 2.2~420。导热系数小于 0.23 的材料称为隔热材料(绝热材料),如石棉制品,泡沫混凝土,不流动的空气等。

4) 影响导热系数数值因素:物质的种类(液体、气体、固体)、结构成分、密度、湿度、压力、温度等。

3.2.3 对流和表面对流换热

(1) 自然对流和受迫对流

1) 自然对流:由于流体冷热部分的密度不同而引起的流动。空气的自然对流是由于空气温度愈高密度愈小,当环境中存在空气温差时,低温密度大的空气与高温密度小的空气之间形成压力差(热压),产生自然对流。

2) 受迫对流:由于外力作用(如风吹泵压)而迫使流体产生对流。外力愈大,对流速度愈大。

(2) 对流传热和对流换热

1) 对流传热:只发生在流体之间,流体之间发生相对运动传递热能。

2) 对流换热:包括流体之间的对流传热,也包括流体与固体之间的导热过程。

(3) 表面对流换热

1) 表面对流换热:在空气温度与物体表面的温度不等时,由于空气沿壁面流动而使表面与空气之间所产生的热交换。

2) 表面对流换热量取决因素:温度差、热流方向(从上到下或从下到上,或水平方向)、气流速度、物体表面状况(形状粗糙程度)等。

3.2.4 辐射换热

(1) 辐射换热的特点:是发射体的热能变为电磁波辐射能,被辐射的物体又将所接收的辐射能转换成热能，温度越高，热辐射愈强烈。

1）一个物体对外来的入射辐射可以有反射、吸收和透射 3 种情况，它们与入射辐射的比值分别叫作物体对辐射的反射系数 r、吸收系数 ρ、透射系数 τ。以入射辐射为 1，则有 $r + \rho + \tau = 1$

2）不透明的物体 $\tau = 0$ 则有 $r + \rho = 1$

（2）为了便于对辐射换热进行研究，物体在理论上可分为黑体、白体、灰体。

1）黑体：对外来辐射全吸收的物体，$\rho = 1$

2）白体：对外来辐射全反射的物体，$r = 1$

3）透明体：对外来辐射全透过的物体，$\tau = 1$

4）灰体：自然界中介于黑体与白体之间的不透明物体。建筑材料多数为灰体。

5）灰体和黑度

灰体的辐射特性与黑体近似，但在同温度下其全辐射力低于黑体。工程中为了便于计算，将多数建筑材料视为灰体。

6）辐射系数

可以表征物体向外发射辐射的能力。物体（灰体）的辐射系数均小于黑体。其数值大小取决于物体表层的化学性质、光洁度、颜色等。各种物体的辐射系数由实验确定。在一定温度下，物体对辐射热的吸收系数在数值上与其黑度相等，即物体辐射能力越大，对外来辐射的吸收能力也越大；反之辐射能力越小，吸收能力也越小。

7）反射系数

对于多数不透明的物体来说，对外来入射的辐射只有吸收和反射，即吸收系数与反射系数之和等于 1。吸收系数越大，反射系数越小。

（3）玻璃的温室效应

常用的普通玻璃一般为透明材料，它只对波长为 $0.2 \sim 2.5 \mu m$ 的可见光和近红外线有很高的透过率，而对波长为 $4 \mu m$ 以上的远红外辐射的透过率却很低。玻璃对太阳辐射中大部分波长的光可以透过，而对一般常温物体所发射的辐射（多为远红外线）则透过率很低。这样通过玻璃获取大量的太阳辐射，使室内构件吸收辐射而温度升高，但室内构件发射的远红外辐射则基本不能通过玻璃再辐射出去，从而使室内温度升高，如图 3-3 所示。

在利用太阳能的建筑设计中，常用该效应进行节能服务。

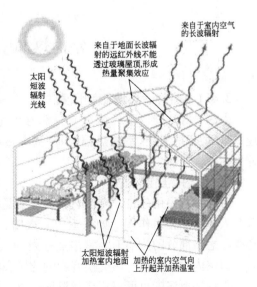

图 3-3　玻璃的温室效应

3.3 湿空气的物理量描述

所谓湿空气指的是干空气与水蒸气的混合物，室内外的空气都是含有一定水分的湿空气。空气湿度指空气中水蒸气的含量。水蒸气主要来自于水面、植物的蒸发和其他潮湿表面，经风的携带遍布于空气中。

描述湿空气的物理量有以下五个：

(1) 饱和水蒸气分压力(p_s)：在一定温度和气压下空气中所能容纳的水蒸气量有一定的限度，水蒸气量达到最高限度的空气称饱和空气，这时的水蒸气分压力称饱和水蒸气分压力。用 p_s 表示，未饱和的水蒸气分压力用 p 表示。标准大气压下(气压相同时)，空气温度愈高它所能容纳的水蒸气量也愈多。

(2) 空气的实际水蒸气分压力：在整个大气压力中有水蒸气所造成的那部分压力，单位为 Pa(帕)。

(3) 绝对湿度(f)：每立方米湿空气中所含水蒸气的量，单位为 g/m^3。

(4) 相对湿度 ϕ(%)：在一定的温度和气压下空气中实际水蒸气分压力量与饱和水蒸气分压力量之比，$\phi = p/p_s \times 100 \%$。

(5) 露点温度(t_d)：在一定的气压和温度下，空气中所能容纳的水蒸气量有一饱和值；超过这个饱和值(饱和水蒸气分压力)，水蒸气就开始凝结，变为液态水。饱和水蒸气分压力随空气温度的增减而加大或减小，当空气中实际含湿量不变，即实际水蒸气分压力 p 不变，而空气温度降低时，相对湿度将逐渐增高，当相对湿度达到 100% 后，如温度继续下降，则空气中的水蒸气将凝结析出。相对湿度达到 100%，即空气达到饱和状态时所对应的温度为露点温度。

3.4 室内热环境及评价方法

3.4.1 热舒适环境影响因素

人的热舒适受以下环境影响：室内空气温度、空气湿度、气流速度(室内风速)、环境辐射温度(室内热辐射)。室内热环境构成要素是以人的热舒适程度为评价标准。

(1) 室内热辐射

对于一般民用建筑，室内热辐射主要是指房间周围墙壁、顶棚、地面、窗玻璃对人体的热辐射作用。如果室内有火墙、壁炉、辐射采暖板之类的采暖装置，还须考虑该部分的热辐射。室内热辐射的强弱通常用"平均辐射温度"(T_{mrt})代表，即室内对人体辐射热交换有影响的各表面温度的平均值。

平均辐射温度也可以用黑球温度换算出来。黑球温度是将温度计，放在直径为 150mm 黑色空心球中心测出的反映热辐射影响的温度。

平均辐射温度对室内热环境有很大影响。在炎热地区，夏季室内过热的原因除了夏季气温高外，主要是外围护结构内表面的热辐射，特别是由通过窗口进入的热辐射所造成。而在寒冷地区，如外围护结构内表面的温度过低，将对人产生"冷辐射"，也严重影响室内热环境。

（2）室内空气温度

室内温度有相应的规定：冬季室内气温一般规定在 16～22℃，夏季空调房间的温度规定为 24～28℃，并以此作为室内计算温度。室内实际温度由房间内得热和失热、围护结构内表面的温度及通风等因素构成的热平衡所决定，设计时使实际温度达到室内计算温度。

（3）室内空气湿度

室内空气湿度直接影响人体的蒸发散热。一般认为最适宜的相对湿度应为50%～60%。在大多数情况下，即气温在 16～25℃时、相对湿度在 30%～70%范围内变化，对人体得热感觉影响不大。如湿度过低（低于 30%），则人会感到干燥、呼吸器官不适；湿度过高则影响正常排汗，尤其在夏季高温时，如湿度过高（高于 70%）则汗液不易蒸发，人体感觉不舒适。

（4）室内风速

室内气流状态影响人的对流换热和蒸发换热，也影响室内空气的更新。一般情况下，使人体舒适的气流速度应小于 0.3m/s；但在夏季利用自然通风的房间，由于室温较高，舒适的气流速度也较大。研究表明，当空气流速≤0.5m/s，把空气温度调整（提高空气温度）到几乎觉察不到空气的流动，即为室内风速的设计标准。

3.4.2　人的热舒适要求

人的热舒适感是建立在人和周围环境正常的热交换上，即人由新陈代谢的产热率和人向周围环境的散热率之间的平衡关系。

（1）按正常比例散热：对流换热占总热量的 25%～30%，辐射散热为 45%～50%，呼吸和无感觉蒸发散热占 25%～30%。

（2）当劳动强度或室内热环境要素发生变化时，正常的热平衡可能被破坏。当环境过冷时，皮肤毛细血管收缩，血流减少，皮肤温度下降，以减少散热量；当环境过热时，皮肤血管扩张，血流增多，皮肤温度升高，以增加散热量，甚至大量出汗使蒸发散热量变大，以争取新的热平衡。这时的热平衡叫"负荷热平衡"，在负荷热平衡下，人体已不在舒适状态。

3.4.3　室内热环境综合评价方法

（1）室内空气温度、空气湿度、气流速度（室内风速）、环境辐射温度（室内热辐射）作为室内热环境因素，是互不相同的物理量，对人们的热感觉来说，他们相互之间有着密切的关系。改变其中的一个因素可以补偿其他因素的不足，如室内空气温度低而平均辐射温度高，和室内空气温度高而平均辐射温度低的房间就可有同样热感觉。所以，任何一项单项因素都不足以说明人体对热环境的反应。

（2）科学家们长期以来就一直希望用一个单一的参数来描述这种反应，这个参数叫做热舒适指数，它综合了同时起作用的全部因素的效果。

（3）一般热环境中的四种综合评价方法

1）有效温度（effective temperature）ET

有效温度最早由美国采暖通风协会 1923 年推出，为室内气温、空气湿度、室内风速在一定组合下的综合指标。在同一有效温度作用下，虽然温度、湿度、风速各项因素的组合不同，但人体会有相同的热舒服感觉。

2）预测平均热感觉指标（predicted mean vote）PMV

PMV 是 20 世纪 80 年代初国际标准化组织（ISO）承认的一种比较全面的热舒指标，丹麦范格尔（P. O. Fanger）以人体热平衡方程为基础，认为人在舒服状态下应有的皮肤温度和排汗散热率分别与产热率之间存在相应关系，即在一定的活动状态下，只有一种皮肤温度和排汗散热率是使人感到舒适的。它们之间的数值关系如图 3-4 所示。

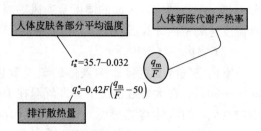

F—人体的裸体表面积

图 3-4　预测平均热感觉指标

3）作用温度（operative temperature）

影响人体热交换的室内气温和墙面、地面、窗、顶棚等表面温度是不相等和不均匀的。作用温度是衡量室内环境冷热程度的综合指标之一，反映环境对人体的热作用的温度。室内环境与人体之间存在对流与辐射引起的干热换热。作用温度表示空气温度与平均辐射温度两者对人体的热作用，可认为是室内气温与平均气温按相应的表面换热系数的加权平均值，计算式见公式（3-1）。

$$t_0 = (h_c t_a + h_r t_r)/(h_c + h_r) \tag{3-1}$$

式中　t_0——作用温度；

t_a——空气温度；

t_r——平均辐射温度；

h_c——表面对流换热系数 W/(m² · ℃)；

h_r——表面辐射换热系数 W/(m² · ℃)。

4）热应力指标（Heat Stress Index）

热应力指标（HSI）是为保持人体热平衡所需要的蒸发散热量与环境容许的皮肤表面最大蒸发散热量之比。是衡量热环境对人体处于不同活动量时的热作用的指标。热应力指标用需要的蒸发散热量与容许最大蒸发散热量的比值乘以 100% 表示。其理论计算是假定人体受到热应力时：

① 皮肤保持恒定温度 35℃；

② 所需要的蒸发散热量等于人体新陈代谢产热加上或减去辐射换热和对流换热；

③ 8 小时期间人的最大排汗能力接近于 1L/h。

当 HSI＝0 时，人体无热应变，HSI＞100 时体温开始上升。此指标对新陈代谢率的影响估计偏低而对风的散热作用估计偏高。

项 目 小 结

项目简述了传热学的基础知识，着重讲述传热过程和基本规律。通过本项目的学习，要求学习者熟悉并掌握传热的过程和其基本规律，明确不同的传热过程有不同的传热规律，与之对应时，应有不同的节能处理方法和手段。

思 考 题

1. 请简要阐述冬季室内热量向室外传递的形式和过程。
2. 建筑的得热和失热包括哪些主要方面？
3. 请解释玻璃的温室效应。

项目4 建筑节能计算初步

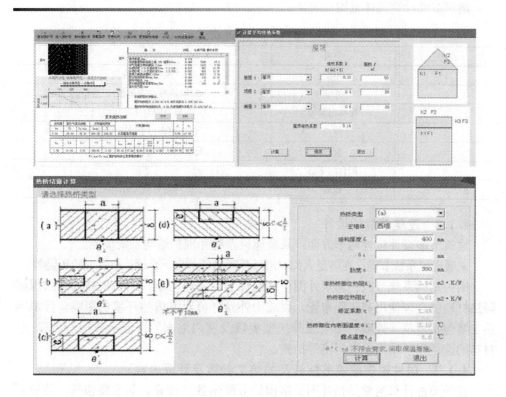

项 目 概 要

　　本项目共分为4节内容，介绍建筑节能计算基础、体形系数、窗墙面积比、传热系数和热惰性指标。通过实际案例进行分析推断，对建筑节能的规律和理论进行梳理，使学习者在理解建筑节能核心元素的同时，获取重要的建筑节能的技术方法和手段，为建筑节能的实质奠定较扎实的理论基础。

4.1　建筑节能计算基础

4.1.1　建筑节能计算范围
建筑节能计算具体范围见表 4-1。

建筑节能计算范围　　　　　　　　　　表 4-1

序号	位置	具体内容
1	屋面	屋面传热较快
2	外墙	墙体(承重、非承重)、热桥
3	楼梯间隔墙	采暖空间与非采暖空间
4	户门	包括阳台门上的透明部分
5	窗户	建筑热或冷散失的薄弱环节
6	阳台门下部	芯板
7	地面	周边和非周边地区

4.1.2　建筑节能的设计
建筑节能设计包含两个方面：采暖通风系统和围护结构系统节能。

采暖通风系统节能：在满足人们对舒适热环境的前提下合理、有效地使用能源。

围护结构系统节能：建筑外围护结构保温、隔热问题，主要是通过高效保温隔热材料的合理使用和正确布置，以减少外界环境对室内热环境的影响。保温隔热主要包括屋顶、外墙、架空或外挑楼板以及室内地面的保温隔热构造的确定、材料的选用以及采用保温门窗等措施。

4.1.3　居住建筑建筑节能涉及的热工参数及计算内容
建筑节能计算通常是指外围护结构的节能参数的计算，其主要包括：体形系数、窗墙面积比、传热系数(K)和热惰性指标(D)以及遮阳系数，详细计算参数见表 4-2。

建筑节能技术参数　　　　　　　　表 4-2

设计内容		规定性指标	计算数值	技术措施
体形系数		条式建筑≤0.35		
		点式建筑≤0.40		
屋顶传热系数		K≤1.0　D≥3.0		
		K≤0.8　D≥2.5		
外墙传热系数		K≤1.5　D≥3.0		
		K≤1.0　D≥2.5		
外窗及阳台门透明部分	窗墙面积比	北向	≤0.45	
		东向	无外遮阳≤0.30	
		西向	有外遮阳≤0.50	
		南向	≤0.50	

设计内容	规定性指标		计算数值	技术措施
外窗及阳台门透明部分	气密性等级	1～6 层≥Ⅲ级		
		≥7 层≥Ⅱ级		
架空楼板	$K\leqslant1.5$			
分户墙	$K\leqslant2.0$			
楼板	$K\leqslant2.0$			
户门	$K\leqslant3.0$			
能耗指标	采暖年耗电量 $E_h(kWh/m^2)<25.99$			
	空调年耗电量 $E_c(kWh/m^2)<30.80$			
	采暖空调设备最低能效比值			

注：K 为传热系数，单位为 $W/(m^2 \cdot K)$；D 为热惰性指标，无量纲。

4.2　体　形　系　数

4.2.1　体形系数定义

建筑物体形系数(S)为建筑物与室外大气接触的外表面积(F_e)和外表面所包围体积(V_e)之比值。体形系数计算公式见式(4-1)。

$$S=F_e/V_e \tag{4-1}$$

式中　F_e——建筑物与室外大气接触的外表面积(m^2)（不包括地面和不采暖楼梯间隔墙和户门的面积）；

　　　　V_e——外表面所包围的建筑体积(m^3)。

注：体积小、体形复杂的建筑以及平房和低层建筑，体形系数较大，对节能不利；体积大、体形简单的建筑以及多层和高层建筑，体形系数较小，对节能较为有利。

进行平面设计时，应力求平面简单、规整，尽量减少平面的凸凹变化。建筑物的体形宜避免过多的凹凸与错落，通常居住建筑体形系数控制在 0.3。规定性指标对体形系数的要求见表 4-3。

体形系数规定指标要求　　　　　　　　　　　　表 4-3

建筑类别	条式建筑	点式建筑
居住建筑	≤0.35	≤0.4
公共建筑	严寒、寒冷地区≤0.4；其他地区无要求	

建筑外墙面面积应按各层外墙外包线围成的面积总和计算。建筑物外表面积应按墙面面积、屋顶面积和下表面直接接触室外空气的楼板（外挑楼板、架空层顶板）面积的总面积计算，不包括地面面积，不扣除外门窗面积。建筑体积应按建筑物外表面和底层地面围成的体积计算。

体形系数对建筑节能的影响可参见实例 1。

实例1: 已知有三栋建筑, 10层30m高, 每层建筑面积均为600m², 参见图4-1, 计算不同平面形状建筑的体形系数。

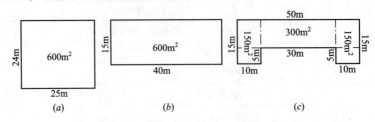

图4-1 不同平面形状的具体尺寸

若三栋建筑楼层变更为6层18m高时, 其体形系数的计算结果如何; 由10层和6层的计算结果进行分析, 可得出什么结论?

问题分析:

(1) 10层建筑30m高, 其体形系数计算见表4-4。

10层建筑30m高体形系数计算表 表4-4

栋号	架空层	外围护面积 F_e(m²)	体积 V_e(m³)	体形系数 $S=F_e/V_e$
A	无	98m×30m+600m²=3540	25m×24m×30m=18000	3540/18000=0.197
	有	98m×30m+600m²×2=4140	18000	4140/18000=0.23
B	无	110m×30m+600m²=3900	40m×15m×30m=18000	3900/18000=0.217
	有	110m×30m+600m²×2=4500	18000	4500/18000=0.25
C	无	140m×30m+600m²=4800	(30m×10m+10m×15m×2)×30m=18000	4800/18000=0.267
	有	140m×30m+600m²×2=5400	18000	5400/18000=0.30

(2) 6层建筑18m高体形系数计算见表4-5。

6层建筑18m高体形系数计算表 表4-5

栋号	架空层	外围护面积 F_e(m²)	体积 V_e(m³)	体形系数 $S=F_e/V_e$
A	无	98m×18m+600m²=2364	25m×24m×18m=10800	2364/10800=0.22
	有	98m×18m+600m²×2=2964	10800	2964/10800=0.27
B	无	110m×18m+600m²=2580	40m×15m×18m=10800	2580/10800=0.24
	有	110m×18m+600m²×2=3180	10800	3180/10800=0.29
C	无	140m×18m+600m²=3120	(30m×10m+10m×15m×2)×18m=10800	3120/10800=0.29
	有	140m×18m+600m²×2=3720	10800	3720/10800=0.34

计算分析对比发现: 平面外形越紧凑, 体形系数越小, 节能效果越好; 层数

越少，体形系数越大，节能效果相对较差；增设架空层，体形系数随之扩大，节能效果降低。

实际工程中，控制体形系数大小可采用以下 3 种方法：

1) 建筑长宽比应适宜。

2) 增加建筑层数，多分摊屋面或架空楼板面积。

3) 建筑体形不宜变化过多，立面不宜太复杂，造型宜简练。

4.3　窗 墙 面 积 比

与墙体和屋面相比外窗的热工性能最差，外窗使用能耗约占整个建筑长期使用能耗的 $40\%\sim50\%$，因此，窗户的节能是建筑节能的重要部位。

4.3.1　窗墙面积比

反映房间开窗面积的大小，是建筑节能设计标准的一个重要指标。窗墙面积比是指窗户洞口面积与房间立面单元面积的比值，按公式(4-2)计算：

$$X = \frac{\sum A_c}{\sum A_w} \tag{4-2}$$

式中　$\sum A_c$——同一朝向的外窗(含透明幕墙)及阳台门透明部分洞口总面积(m^2)；

$\sum A_w$——同一朝向外墙总面积(含该外墙上的外门窗的总面积)(m^2)。

4.3.2　平均窗墙面积比

指建筑某一相同朝向的外墙面上的窗及阳台门透明部分的总面积与该朝向外墙面的总面积(包括外墙中窗和门面积)比。

实例 2：已知杭州某办公建筑，其建筑南面为(4m，8 个开间房屋)32m，层高 3m，4 层，每层设窗(3m×1.5m)各 8 个，求此建筑南面的平均窗墙比。

问题分析：

根据公式(4-2)，建筑南面的平均窗墙比应为：

$$X = \frac{(3 \times 1.5) \text{洞口面积} \times 8 \text{扇} \times 4 \text{层}}{\text{南向立面总面积为} 32 \times 12} = \frac{144}{384} = 0.375$$

研究表明，在寒冷地区，即使是南向窗户太阳辐射得热，窗墙面积比增大，建筑采暖能耗也会随之增加，对节能不利。其他朝向窗户过大，对节能更为不利。在夏季空调建筑中，空调运行负荷是随着窗墙面积比的增大而增加。窗墙面积比 50% 的房间，与窗墙面积比 30% 的房间相比，空调运行负荷要增加 $17\%\sim25\%$。窗墙面积比越大，采暖、空调的能耗也越大。从节能角度出发，应限制窗墙面积比。一般情况，应以满足室内采光要求作为窗墙面积比的确定原则。

4.4　传热系数(K)和热惰性指标(D)

传热系数和热惰性指标是衡量墙体节能性高低的基本指标，在建筑节能领域是一个非常重要的技术参数。

4.4.1 传热系数(K)

传热系数 K 值是指在稳定的传热条件下，围护结构两侧空气温差为1度（K，℃），1h 通过 $1m^2$ 面积传递的热量，单位是瓦/平方米·度（$W/m^2 \cdot K$，此处 K 可用℃代替）。传热系数是衡量墙体传热能力的技术指标，热量从墙体的一侧传递到另外一侧，其传递过程不仅仅包含墙体内部的流动（此过程由墙体内部组成材料决定），也包括热量在墙体两侧的边界穿透。

传热系数计算包括传热阻和热阻的计算。

1) 围护结构总传热阻：表征结构（包括两侧空气边界层）阻抗传热能力的物理量，如图 4-2 所示，其计算公式见式(4-3)：

$$R_o = R_i + \sum R + R_e \tag{4-3}$$

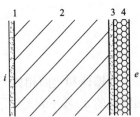

图 4-2　表征结构

式中　$\sum R$——围护结构各层材料热阻总和($m^2 \cdot K/W$)；

　　　R_i，R_e——内、外表面换热阻，见表 4-6。

内外表面换热阻和内外表面换热系数　　　表 4-6

内表面换热系数	α_i	$W/m^2 \cdot K$	围护结构内表面与室内空气温差为1℃，1h 内通过 $1m^2$ 界面面积传递的热量
内表面换热阻	R_i	$m^2 \cdot K/W$	内表面换热系数的倒数。$R_i = 1/\alpha_i$
外表面换热系数	α_e	$W/m^2 \cdot K$	围护结构外表面与室外空气温差为1℃，1h 内通过 $1m^2$ 界面面积传递的热量
外表面换热阻	R_e	$m^2 \cdot K/W$	外表面换热系数的倒数。$R_e = 1/\alpha_e$

通常情况下，$R_i = 0.11(m^2 \cdot K)/W$

$R_e = 0.04(m^2 \cdot K)/W$（冬季）或 $0.05(m^2 \cdot K)/W$（夏季）

2) 围护结构传热系数：

围护结构传热系数为总传热阻的倒数，其计算公式如下：

$$K_P = \frac{1}{R_0} = \frac{1}{R_i + \sum R + R_e} = \frac{1}{R_i + \sum \frac{\delta_i}{\lambda_i} + R_e} \tag{4-4}$$

式中　$\sum R$——围护结构各层材料热阻总和($m^2 \cdot K/W$)；

　　　R_i，R_e——内、外表面换热阻，具体说明见表 4-6；

　　　R_0——围护结构传热阻($m^2 \cdot K/W$)。

3) 围护结构热阻的计算

① 单层结构热阻，其计算公式如下：

$$R_j = \frac{\delta_j}{\lambda_j} \tag{4-5}$$

式中　δ_j——材料层厚度，m；

　　　λ_j——材料计算导热系数，$W/(m \cdot K)$。

② 多层结构热阻

围护结构通常包含多层材料，其热阻计算公式如下：

$$\sum R = R_1 + R_2 + R_3 + \cdots + R_n + = \frac{\delta_1}{\lambda_1} + \frac{\delta_2}{\lambda_2} + \frac{\delta_3}{\lambda_3} + \cdots + \frac{\delta_n}{\lambda_n} \qquad (4\text{-}6)$$

式中　R_1、R_2……R_n——各层材料热阻（m²·K/W）；

　　　δ_1、δ_2……δ_n——各层材料厚度（m）；

　　　λ_1、λ_2……λ_n——各层材料导热系数（W/m·K）。

实例 3：现以 490mm 厚黏土实心砖墙为例，已知：$R_i = 0.11$，$R_e = 0.04$，$\delta_1 = 0.02$，$\lambda_1 = 0.87$，$\delta_2 = 0.49$，$\lambda_2 = 0.81$，$\delta_3 = 0.02$，$\lambda_3 = 0.93$，$S_1 = 10.75$，$S_2 = 10.63$，$S_3 = 11.37$（S 为蓄热系数）。试计算其传热系数，如图 4-3 所示。

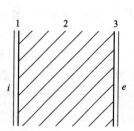

图 4-3　多层实心黏土墙

问题分析：

首先求出单一热阻，然后计算传热总热阻，再根据传热系数公式（4-4）得出传热系数。

$$R_j = \frac{\delta_j}{\lambda_j}$$

$$R_1 = 0.02/0.87 = 0.023 \,(\text{m}^2 \cdot \text{K/W})$$

$$R_2 = 0.49/0.81 = 0.605 \,(\text{m}^2 \cdot \text{K/W})$$

$$R_3 = 0.02/0.93 = 0.022 \,(\text{m}^2 \cdot \text{K/W})$$

$$R_o = R_i + R_1 + R_2 + R_3 + R_e = 0.11 + 0.023 + 0.605 + 0.022 + 0.04$$
$$= 0.80 \,(\text{m}^2 \cdot \text{K/W})$$

$$K_P = 1/R_0 = 1/0.8 = 1.25 \,(\text{W/m}^2 \cdot \text{K})$$

4）外墙平均传热系数（W/m²·K）

外墙平均传热系数指外墙包括主体部位和周边热桥（构造柱、圈梁以及楼板伸入外墙部分等部位在内的传热系数平均值），如图 4-4 所示。

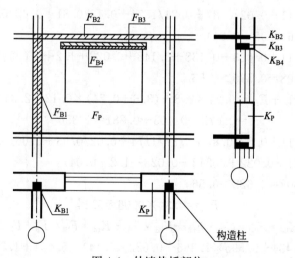

图 4-4　外墙热桥部位

按外墙各部位（不包括门窗）的传热系数对其面积的加权平均计算可求得外墙平均传热系数，单位：W/(m²·K)，其计算公式如下：

$$K_{m} = \frac{K_{P} \times F_{P} + K_{B1} \times F_{B1} + K_{B2} \times F_{B2} + K_{B3} \times F_{B3}}{F_{P} + F_{B1} + F_{B2} + F_{B3}} \tag{4-7}$$

式中　　　K_{P}——外墙主体部位的传热系数；

F_{P}——外墙主体部位的面积（m^2）；

K_{B1}、K_{B2}、K_{B3}——外墙周边热桥部位的传热系数；

F_{B1}、F_{B2}、F_{B3}——外墙周边热桥部位的面积（m^2）。

注：热桥部位指混凝土圈梁和混凝土构造柱、过梁等部位。

实例4：现假设以杭州地区370mm厚黏土实心砖墙外贴60mm厚EPS板的住宅外墙为例，计算其外墙的平均传热系数。已知：房间开间3.6m，层高2.8m，窗户2.1m×1.5m；各层材料的导热系数λ（W/m·K）：砖墙λ=0.81，钢筋混凝土λ=1.74，EPS板λ=0.050，内抹灰λ=0.87，外抹灰λ=0.93，R_i=0.11，R_e=0.04。如图4-5所示。

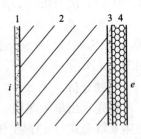

图4-5　保温墙体结构图

问题分析：

主体部位：$K_p = 1/(R_i + \sum R + R_e)$

$\qquad = 1/(0.11 + 0.02/0.87 + 0.37/0.81 + 0.02/0.93$

$\qquad\quad + 0.06/0.05 + 0.04)$

$\qquad = 1/(0.11 + 0.023 + 0.457 + 0.022 + 1.2 + 0.04)$

$\qquad = 1/1.852 = 0.54 < 0.56$

$F_p = [(3.6 - 0.24) \times (2.8 - 0.12)] - [(2.1 \times 1.5) + (0.18 \times 2.34)]$

$\qquad = 3.36 \times 2.68 - (3.15 + 0.421) = 9.005 - 3.571 = 5.434$

热桥部位：

$K_{B1} = K_{B2} = K_{B3}$

$\qquad = 1/(0.11 + 0.02/0.87 + 0.24/1.74 + 0.12/0.81 + 0.02/0.93$

$\qquad\quad + 0.06/0.05 + 0.04)$

$\qquad = 1/(0.11 + 0.023 + 0.138 + 0.148 + 0.022 + 1.2 + 0.04)$

$\qquad = 1/1.608 = 0.595 > 0.56$

$F_{B1} + F_{B2} + F_{B3} = 0.24 \times 2.8 + (3.6 - 0.24) \times 0.12 + 2.34 \times 0.12$

$\qquad\qquad = 0.672 + 0.403 + 0.281 = 1.356$

$K_{B4} = 1/(0.11 + 0.02/0.87 + 0.37/1.74 + 0.02/0.93 + 0.06/0.05 + 0.04)$

$\qquad = 1/(0.11 + 0.022 + 0.213 + 0.023 + 1.2 + 0.04)$

$\qquad = 1/1.608 = 0.622 > 0.56$

$F_{B4} = 2.34 \times 0.06 = 0.14$

$K_m = K_p \cdot F_B + K_{B1} \cdot F_{B1} + K_{B2} \cdot F_{B2} + K_{B3} \cdot F_{B3} + K_{B4} \cdot F_{B4}/(F_p + F_{B1} + F_{B2} + F_{B3} + F_{B4})$

$\qquad = (0.54 \times 5.434 + 0.595 \times 1.356 + 0.622 \times 0.14)/(5.434 + 1.356 + 0.14)$

$\qquad = 0.552 < 0.56$

结论：在围护结构传热过程中，热桥部位热损失远远大于主体结构部位，节能设计过程中，应努力降低热桥面积，并做好热桥部位的保温节能设计和施工。

4.4.2 热惰性指标(D)

热惰性指标是综合反映建筑物外墙蓄热和导热基本关系的技术指标，是目前居住建筑节能设计标准中评价外墙和屋面隔热性能的一个设计指标，表征在夏季周期传热条件下，外围护结构抵抗室外温度波动和热流波动能力的一个无量纲指标，以符号 D 表示，D 值越大，周期性温度波与热流波的衰减程度越大，围护结构的热稳定性愈好。

单一材料围护结构或单一材料层的 D 值，其计算公式如下：

$$D=R \cdot S \tag{4-8}$$

式中　R——材料层的热阻($m^2 \cdot K/W$)；

　　　S——材料的蓄热系数($W/m^2 \cdot K$)。

注：当某一足够厚度单一材料层一侧受到谐波热作用时，表面温度将按同一周期波动，通过表面的热流波幅的比值越大，材料的热稳定性越好。空气间层的蓄热系数取 $S=0$。

多层围护结构的 D 值，其计算公式如下：

$$\sum D=D_1+D_2+\cdots\cdots+D_n=\sum R \cdot S=R_1S_1+R_2S_2\cdots\cdots+R_nS_n \tag{4-9}$$

式中　D_1、D_2……D_n——各层材料的热随性指标；

　　　R_1、R_2……R_n——各层材料的热阻 $[(m^2 \cdot K)/W]$；

　　　S_1、S_2……S_n——各层材料的蓄热系数 $[W/(m^2 \cdot K)]$。

实例 5：以实例 4 数据为已知条件，计算其热惰性指标 D 值。

问题分析：

$$
\begin{aligned}
D &= R_1S_1+R_2S_2+R_3S_3 \\
&= 0.023 \times 10.75+0.605 \times 10.63+0.022 \times 11.37 \\
&= 0.247+6.431+0.25 \\
&= 6.928
\end{aligned}
$$

结论：在建筑节能设计时，既要注意传热系数对节能的影响，同时也要注意热稳定性大小即热惰性指标 D 值。

围护结构各部分的传热系数 K 和热惰性指标 D 是建筑节能工作中一项重要的技术要求，建筑节能设计规范对其有明确的要求，见表4-7。

传热系数和热惰性指标的设计规定　　　　　　　　　　　　表4-7

屋顶*	外墙*	分户墙和楼板	底部自然通风的架空楼板	户门
$K \leqslant 1.0$ $D \geqslant 3.0$	$K \leqslant 1.5$ $D \geqslant 3.0$	$K \leqslant 2.0$	$K \leqslant 1.5$	$K \leqslant 3.0$
$K \leqslant 0.8$ $D \geqslant 2.5$	$K \leqslant 1.0$ $D \geqslant 2.5$			

备注：传热系数 K 单位为 $W/(m^2 \cdot K)$。

实例 6：某居住建筑其结构体系为框架结构，其外墙主体为 240mm 厚 P 型烧结多孔砖，保温层为 35mm 厚胶粉聚苯颗粒浆料；其外墙主体部位构造及主要热工参数如下：

1) 20mm 厚混合砂浆 $R=0.023m^2 \cdot K/W$；

2) 240mm 厚 P 型烧结多孔砖 $R=0.414m^2 \cdot K/W$；

3）240mm 厚钢筋混凝土梁、柱(墙)$R=0.115m^2 \cdot K/W$;

4）35mm 厚胶粉聚苯颗粒保温砂浆 $R=0.486m^2 \cdot K/W$;

5）5mm 厚抗裂砂浆(含玻纤网)$R=0.003 m^2 \cdot K/W$;

6）弹性底涂、柔性腻子、外墙涂料、内墙涂料 $R=0.002m^2 \cdot K/W$。

若外墙主体与结构性热桥的面积比例为 $A：B=0.65：0.35$，且此建筑的热惰性指标 D 大于 3.0。为施工方便，热桥部位和主体结构部位的保温构造和厚度都相同。采用这种节能构造能否满足地方标准《居住建筑节能设计标准》DB 33/1015—2003 中外墙规定性指标要求?

问题分析:

1）主体部位:应包括混合砂浆、烧结多孔砖、聚苯颗粒保温砂浆、抗裂砂浆以及弹性底涂、柔性腻子、外墙涂料、内墙涂料，其 K 值为

$$K=\frac{1}{R_0}=\frac{1}{R_i+R+R_e}=\frac{1}{0.11+0.023+0.414+0.486+0.005+0.04}=0.93$$

2）热桥部位:混合砂浆、混凝土(梁和柱)、聚苯颗粒保温砂浆、抗裂砂浆以及弹性底涂、柔性腻子、外墙涂料、内墙涂料

$$K=\frac{1}{R_0}=\frac{1}{R_i+R+R_e}=\frac{1}{0.11+0.023+0.115+0.486+0.005+0.04}=1.346$$

3）外墙平均传热系数 K_m，外墙整体上包含两个部分，主体部位(砖墙)和热桥部位(混凝土梁和柱)

$$K_m=\frac{K_pF_p+K_bF_b}{F_p+F_b}$$

式中　K_m——外墙平均传热系数 $[W/(m^2 \cdot K)]$;

　　　　K_p——外墙主体部位传热系数 $[W/(m^2 \cdot K)]$;

　　　　F_p——外墙主体面积(m^2);

　　　　K_b——外墙主体热桥部位传热系数 $[W/(m^2 \cdot K)]$;

　　　　F_b——外墙主体热桥面积(m^2)。

$$K_m=\frac{K_pF_p+K_bF_b}{F_p+F_b}=\frac{0.93 \times 0.65+1.346 \times 0.35}{0.65+0.35}=1.076$$

已知条件，$D \geqslant 3.0$。

结论:上述建筑构造，建筑节能满足地方标准《居住建筑节能设计标准》DB 33/1015—2003 中外墙规定性指标 $K \leqslant 1.5$ 和 $D \geqslant 3.0$ 的要求。通常情况下，围护结构主体与热桥部位采用相同厚度保温材料，可满足规定性指标的要求，但此时，沿着热桥部位传递热量的速度要快于主体结构部位。另外，不同结构体系的建筑，可通过简化手法估算出主体结构与热桥部分的面积比例，按照各自构造材料的热工参数，计算出其平均传热系数。

4.4.3　综合遮阳系数(S_w)

综合遮阳系数(S_w)由两部分组成:玻璃遮阳和外遮阳。

（1）玻璃遮阳

在夏热冬冷地区，玻璃遮阳是指玻璃遮挡或抵御太阳光的能力(主要是针对玻璃围护结构)，是表征窗玻璃在无其他遮阳措施情况下对太阳辐射透射得热的

减弱程度。遮阳系数(S_C)是衡量遮阳能力的具体技术指标：指太阳辐射总透射比与 3mm 厚普通无色透明平板玻璃的太阳辐射得热的比值。遮阳系数越小，阻挡阳光热量向室内辐射的性能越好。

普通玻璃的遮阳系数 S_C 较高，一般达到 0.9 左右，因此应对玻璃进行表面加工，改善玻璃的热工性能，从而最终减少玻璃围护结构的能耗损失，诸如热反射玻璃、吸热玻璃、低辐射 LOW-E 玻璃等。

玻璃遮阳系数计算公式为：

$$S_C = \frac{玻璃窗(含窗框)的太阳辐射得热率}{3mm\ 厚标准玻璃的太阳辐射得热率} \tag{4-10}$$

遮阳系数概念：

1）航向比：把标准的 3mm 白玻璃的太阳能透过率的取值称为航向比。我国取值为 0.889，而国际上取 0.87；当涉及国外建筑项目时应有共识。

2）太阳能得热系数 SHGC：（又称太阳能总透射比、得热因子、g 值）。是指在相同条件下，太阳辐射能量透过玻璃进入室内的量与通过相同尺寸但无玻璃的开口进入室内的太阳能热量的比率。当 SHGC 为 0.818 时，国内计算值为 0.92，国外计算值为 0.94。

3）计算遮阳系数 S_C＝太阳能得热系数（SHGC）/航向比。

（2）外遮阳

为了节约能源，应对窗口和透明幕墙采取外遮阳措施。外遮阳中，最有效的为水平遮阳板，水平遮阳板外遮阳系数计算见公式（4-11）：

$$SD_H = a_n PF^2 + b_n PF + 1 \tag{4-11}$$

式中　SD_H——水平遮阳板夏季外遮阳系数；

　　　a_n、b_h——计算系数，按表 4-8 选用；

　　　PF——遮阳板外挑系数，$PF=A/B$ 当计算出的 $PF>1$ 时，取 $PF=1$；

　　　A——遮阳板外挑长度（如图 4-6 所示）；

　　　B——遮阳板根部到窗对边距离（如图 4-6 所示）。

水平和垂直外遮阳计算系数　　　　　　　　　　　　　表 4-8

遮阳装置	计算系数	东	东南	南	西南	西	西北	北	东北
水平遮阳板	a_n	0.35	0.48	0.47	0.36	0.36	0.36	0.30	0.48
	b_h	−0.75	−0.83	−0.79	−0.68	−0.76	−0.68	−0.58	−0.83
垂直遮阳板	a_v	0.32	0.42	0.42	0.42	0.33	0.41	0.44	0.43
	b_v	−0.65	−0.80	0.80	−0.82	−0.66	−0.82	−0.84	−0.83

注：其他朝向的计算系数按上表中最接近的朝向选取。

有外遮阳设施时，综合遮阳系数＝玻璃的遮阳系数×外遮阳的遮阳系数；无外遮阳设施时，综合遮阳系数＝玻璃遮阳系数。

实例 7： 已知某办公建筑按节能分类为乙类建筑（其外窗节能要求参照表 4-9），建筑南面长为 32m（4m ，8 个开间房屋），层高 3m，4 层，每层设窗 8 个（3m×1.5m），遮阳系数每扇窗顶均设 0.6m 水平遮阳。已知 6＋12＋6 普通中空玻璃

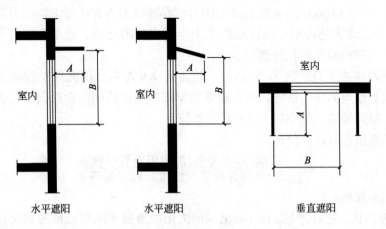

图 4-6　遮阳板外挑系数(PF)计算示意图

$K=2.8$、SC(玻璃)$=0.86$。请判断其水平外遮阳系数是否满足要求？若将题中的水平遮阳改为室外卷帘百叶(外遮阳系数参照表 4-10)，同样的玻璃规格，相同类别建筑时，外遮阳系数能否满足要求？

乙类建筑外窗节能技术指标　　　　　　　　　　表 4-9

外窗(包括透明幕墙)		传热系数 K [W/(m² · K)]	遮阳系数 S_w (东、南、西向/北向)
单一朝向外窗 (包括透明幕墙)	窗墙面积比≤0.2	≤4.7	—
	0.2<窗墙面积比≤0.3	≤3.5	≤0.55/—
	0.3<窗墙面积比≤0.4	≤3.0	≤0.50/0.60
	0.4<窗墙面积比≤0.5	≤2.8	≤0.45/0.55
	0.5<窗墙面积比≤0.7	≤2.5	≤0.40/0.50
	0.7<窗墙面积比≤0.8	≤2.0	≤0.35/0.40

常用外遮阳遮阳系数表　　　　　　　　　　表 4-10

遮阳形式	遮阳系数
垂直百叶/稀松织物帘	76%
室内水平软百叶	55%~85%
室内布帘	55%~65%
着色玻璃	40%~65%
阳光控制薄膜	20%~60%
树木完全遮阳、轻微遮阳	20%~60%
室外卷帘百叶	30%
室外遮阳篷	25%~30%
南向棚架上覆盖落叶攀缘植物或遮阳织物	20%
室外平行并贴近窗户的金属百叶	15%~20%

问题分析：

首先应计算窗墙面积比 X，然后再找出其综合遮阳系数的要求：

$$X = \frac{(3 \times 1.5)\text{洞口面积} \times 8\text{扇} \times 4\text{层}}{(\text{南向立面总面积}) \times 32 \times 12} = \frac{144}{384} = 0.375$$

建筑窗墙比为 0.375，查表，其综合遮阳系数规范要求不高于 0.5。下面就是要根据案例的条件，来计算其综合遮阳系数的具体数值。

水平遮阳板：　　　　　　　$SD_H = \alpha_h PF^2 + b_h PF + 1$

查表南向　　　　　　　　　$\alpha_h = 0.47$　　$b_h = -0.79$

按公式及题目所给数据计算：

$$PF = \frac{A}{B} = 0.6/1.5 = 0.4$$

$$SD_H = a_n PF^2 + b_h PF + 1$$

$$SD_H = 0.47 \times (0.4)^2 - 0.79 \times 0.4 + 1 = 0.0752 - 0.316 + 1 = 0.759$$

则根据计算，其综合遮阳系数如下：

综合遮阳系数 $= SC(\text{玻璃}) \times SD_H(\text{外遮阳}) = 0.86 \times 0.759 = 0.653$

按规范要求南侧遮阳≤0.50，计算结果为 0.653 大于 0.5 限值，故不满足遮阳系数要求。

若将题中的水平遮阳改为室外卷帘百叶，同样玻璃规格，相同类别建筑时，查常用外遮阳遮阳系数表 4-10，得其 SD_H 为 0.3，因此其综合遮阳系数为：

$S_C = 0.86 \times 0.3 = 0.258$，完全满足规范对其遮阳系数的要求。

根据以上实例分析，固定水平外遮阳所达到的遮阳效果远不如室外卷帘百叶的遮阳效果，设计时应综合考虑造型、经济、美观、实用等要求。因此，为满足节能要求应优先采用活动式外遮阳，根据实际光线的强弱和温度的高低进行主动调节，满足不同季节的热工需求。

项 目 小 结

本项目重点介绍建筑节能中常见技术参数如体形系数、窗墙面积比、传热系数、热惰性指标以及综合遮阳系数的计算，通过本项目的学习，使学习者在简单计算的过程中，真正掌握节能的核心概念知识。

思 考 题

1. 传热与导热有什么具体区别？

2. 建筑节能实际过程中如何控制体形系数？

3. 请举例说明热惰性在实际生活中的应用。

4. 某居住建筑其结构体系为框架结构，其外墙主体为 240mm 厚 P 型烧结多孔砖，保温层为 35mm 厚胶粉聚苯颗粒浆料；其外墙主体部位构造及主要热工参数如下。

1）15mm 厚混合砂浆 $R = 0.020\text{m}^2 \cdot \text{K/W}$；

2）240mm 厚 P 型烧结多孔砖 $R = 0.420\text{m}^2 \cdot \text{K/W}$；

3）240mm 厚钢筋混凝土梁、柱（墙）$R=0.120$ m² · K/W；

4）40mm 厚胶粉聚苯颗粒保温砂浆 $R=0.500$m² · K/W；

5）5mm 厚抗裂砂浆（含玻纤网）$R=0.004$ m² · K/W；

6）弹性底涂、柔性腻子、外墙涂料、内墙涂料 $R=0.001$m² · K/W。

若外墙主体与结构性热桥的面积比例为 $A：B=0.65：0.35$，同时，为施工方便，热桥部位和主体结构部位的保温构造和厚度都相同。请根据上述条件，计算本墙体的传热系数。

5．钢筋混凝土平屋面，如右图所示，卷材防水，100mm 厚 EPS 板保温，体形系数 $S=0.29<0.3$，$R_i=0.11$，$R_e=0.04$。防水层（5、6）热阻不计。已知不同构造层次的技术参数如下：

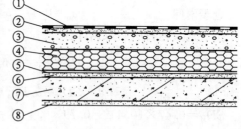

① 表层材料，$\delta_1=0.02$m，$\lambda_1=2.5$W/(m · K)，热阻不计；

② 水泥砂浆找平 $\delta_2=0.04$m，$\lambda_2=0.93$W/(m · K)；

③ 水泥珍珠岩找坡 $\delta_3=0.04$m，$\lambda_3=0.39$W/(m · K)；

④ EPS 板保温 $\delta_4=0.10$m，$\lambda_4=0.05$W/(m · K)；

⑤ 防水层粘结剂 $\delta_5=0.005$m，$\lambda_5=1.8$W/(m · K) 热阻不计；

⑥ 防水卷材 $\delta_6=0.04$m，$\lambda_6=3$W/(m · K) 热阻不计；

⑦ 钢筋混凝土板 $\delta_{混凝土}=0.10$m，$\lambda_{混凝土}=1.74$W/(m · K)；

⑧ 混合砂浆面层 $\delta_8=0.02$m，$\lambda_8=0.87$W/(m · K)。

计算屋面传热系数 K 值是否满足标准限值 0.45 的要求。

项目 5　节能材料施工技术

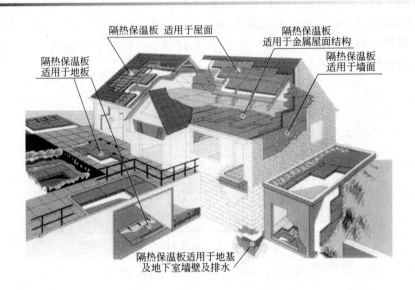

隔热保温板 适用于屋面

隔热保温板 适用于金属屋面结构

隔热保温板 适用于墙面

隔热保温板 适用于地板

隔热保温板适用于地基 及地下室墙壁及排水

项　目　概　要

本项目共分为 5 节内容，依次介绍保温材料、聚苯乙烯保温材料施工技术、发泡聚氨酯保温材料施工技术、胶粉聚苯颗粒保温砂浆施工技术、墙体自保温施工技术等。重点介绍不同材料性能、施工流程以及需要注意的事项。使学习者在实际工程中，能根据具体情况选择墙体节能，掌握常用外墙墙体的节能施工方法及基本施工技能。

5.1 保 温 材 料

5.1.1 保温材料定义

导热系数 λ 是指材料层在稳定传热条件下，单位厚度 1m、对表面温差为 1K，在 1h 内通过单位面积（1m²）传递的热量。导热系数 λ≤0.23W/(m·K) 的材料称为保温材料。通常，材料密度越小，导热系数越小，保温效果就越好。图 5-1 为不同保温材料的导热系数对比图。

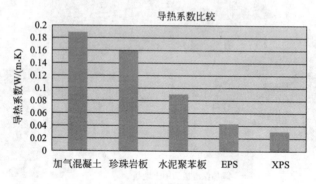

图 5-1　不同材料的导热系数对比图

5.1.2 保温机理

保温材料是指具备多孔结构的轻质材料，如图 5-2 所示。多孔和孔隙结构中存在的静止干燥空气是保温的关键因素，该结构改变了热的传递路径和形式，从而使传热速度大大减缓；由于空气为静止，孔中的对流和辐射换热在总体传热中所占比例很小，以空气导热为主，即固体传热转化为不同孔隙的静止空气传热，而空气导热系数为 0.017～0.029W/(m·K)，远小于固体导热。

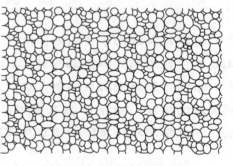

图 5-2　保温材料多孔结构

5.1.3 保温材料分类

保温材料按照组成材料的化学成分可分为无机保温材料和有机保温材料两大类。

（1）无机保温材料：为矿物质原料制成，呈散粒状、纤维状或多孔构造，可制成板、片等形式的制品，包括石棉、岩棉、陶粒保温砖、膨胀珍珠岩、膨胀蛭石、多孔混凝土、加气混凝土等；

（2）有机保温材料：为有机原料制成的保温隔热材料，包括软木、刨花板、聚苯乙烯泡沫塑料、聚氨酯泡沫塑料等；

工程上常用的保温材料：聚苯板（XPS 和 EPS）、发泡聚氨酯、加气混凝土。

5.1.4　外墙外保温和外墙内保温施工技术

外墙保温技术是通过在外墙体上增加导热系数小的材料，使墙体达到保温隔热的效果，使室内达到冬暖夏凉，从而降低能源的损耗。外墙保温技术分为外墙内保温技术、外墙夹心保温技术和外墙外保温技术。

（1）外墙内保温技术

外墙内保温是将保温材料置于外墙体的内侧，如图 5-3 和图 5-4 所示。

图 5-3　外墙内保温现场施工

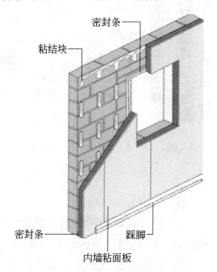

图 5-4　外墙内保温结构图

国内从 20 世纪 90 年代初开始实施外墙内保温技术，因其造价低，施工方便，技术相对成熟等，具有以下特点。

优点：

1）取材方便。对饰面和保温材料的防水、耐候性等技术指标的要求不高，纸面石膏板、石膏抹面砂浆等均可满足使用要求；

2）施工简便。内保温材料被楼板所分隔，仅在一个层高范围内施工，不需搭设脚手架；

3）满足要求。在夏热冬冷和夏热冬暖地区，内保温均可实现；

4）有利于既有建筑的节能改造。整栋楼或整个小区统一改造有困难时，采用内保温的可能性大一些。

缺点：

1）圈梁、楼板、构造柱等会引起热桥，热损失较大；

2）材料、构造、施工等原因，饰面层出现开裂；

3）不便于二次装修和吊挂饰物；

4）占用室内使用空间；

5）对既有建筑进行节能改造时，对居民的日常生活干扰较大；

6）墙体受室外气候影响大，昼夜温差和冬夏温差大时，容易造成墙体开裂。

（2）外墙夹心保温技术

外墙夹心保温是将保温材料置于外墙的内、外侧墙片之间，内、外侧墙片可采用混凝土空心砌块，如图 5-5 所示。

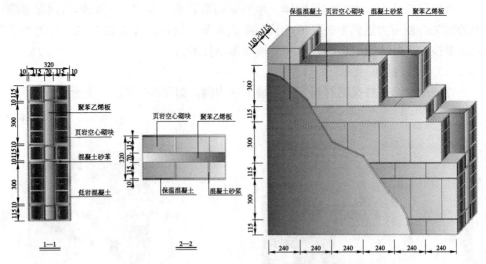

图 5-5　外墙夹心保温技术

优点：

1）对内侧墙片和保温材料形成有效的保护，对保温材料的选材要求不高，聚苯乙烯、玻璃棉以及脲醛现场浇注材料等均可使用；

2）对施工季节和施工条件的要求不高，不影响冬期施工。我国严寒地区适用较多。

缺点：

1）在非严寒地区，此类墙体与传统墙体相比偏厚；

2）内、外侧墙片之间需有连接件连接，构造较传统墙体复杂；

3）外围护结构的"热桥"较多，在地震区，由于房屋中圈梁和构造柱的设置，"热桥"更多，保温材料的效率得不到充分发挥；

4）外侧墙片受室外气候影响大，昼夜温差和冬夏温差大，容易造成墙体开裂和雨水渗漏。

（3）外墙外保温技术

外墙外保温体系是将憎水性、低收缩率的保温材料通过粘结或锚固牢固地置于建筑物墙体外侧，并在其外侧施工装饰层的方法，如图 5-6 所示。在住宅工程中，目前主要有聚苯颗粒浆料外墙外保温、聚苯板薄抹灰外墙外保温、现场模浇硬泡聚氨酯外墙外保温等几种外保温技术。

国外发达国家，外墙外保温技术已有 60 多年的应用，经过多年的实践证明，采用该保温系统的建筑，使用寿命延长，其优点为：

1）保护主体结构，延长建筑物寿命，减少长期维修费用。该技术是将保温层置于建筑物围护结构外侧，缓冲了因温度变化导致结构变形产生的应力，避免雨、雪、冻、融、干、湿循环造成的结构破坏，减少空气中有害气体和紫外线对围护结构的侵蚀。事实证明，墙体和屋面保温隔热材料选材适当，厚度合理，外保温可以有效防止和减少墙体、屋面的温度变形，有效地消除常见的斜裂缝或八

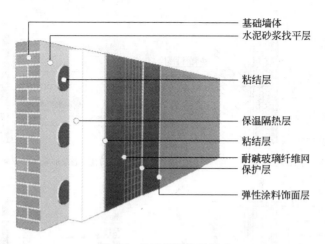

基础墙体
水泥砂浆找平层
粘结层
保温隔热层
粘结层
耐碱玻璃纤维网
保护层
弹性涂料饰面层

图 5-6 外墙保温常见构造

字裂缝。

2）基本消除"热桥"的影响。外保温既可以防止"热桥"部位产生结露，又可以消除"热桥"造成的热损失。

3）使墙体潮湿情况得到改善。一般情况下，内保温须设置隔气层，而采用外保温时，由于蒸汽渗透性高的主体结构材料处于保温层的内侧，只要保温材料选材适当，在墙体内部一般不会发生冷凝现象，故无需设置隔气层。同时采取外保温措施后，结构层的整个墙身温度提高，墙身含湿量降低，进一步改善了墙体的保温性能。

4）有利于室内温度保持稳定。外保温墙体由于蓄热能力较大的结构层在墙体内侧，当室内受到不稳定热作用时，室内空气温度上升或下降，墙体结构层能够吸引或释放热量，有利于室内温度保持稳定。

5）便于旧建筑物进行节能改造，图 5-7 为外墙外保温节能改造结构构造图。与内保温相比，采用外保温方式对旧房进行节能改造，最大的优点是无需临时搬迁，基本不影响用户正常生活。

6）可以避免装修对保温层的破坏。消费者按照自己喜好装修房屋时，内保温层容易遭到破坏，外保温则可以避免此类现象发生。

7）增加房屋使用面积。由于外保温技术保温材料贴在墙体的外侧，其保温、隔热效果优于内保温，故可使主体结构墙体减薄，从而增加每户的使用面积。据统计，以北京、沈阳、哈尔滨、兰州的塔式建筑为例，当主体结构为实心砖墙时，每户使用面积分别可增加 $1.2m^2$、$2.4m^2$、$4.2m^2$ 和 $1.3m^2$，经济效益十分显著。

外墙外保温技术缺点是冬季雨季施工困难，施工质量要求高，造价较高，相应提高了房屋的建造成本。根据我国北方地区估算，采用外保温增加的投资，用户只需 3 年左右就可以取暖费用的节省收回成本。外墙外保温技术可有效保护住宅的围护结构，使外界的温度变化、雨水侵蚀对建筑物的破坏大大降低，从而解决屋面渗水、墙体开裂等顽症，延长建筑物的寿命，降低维修费用。外墙外保温技术综合经济效益显著，是积极主动型的外保温技术，适用范围广泛。

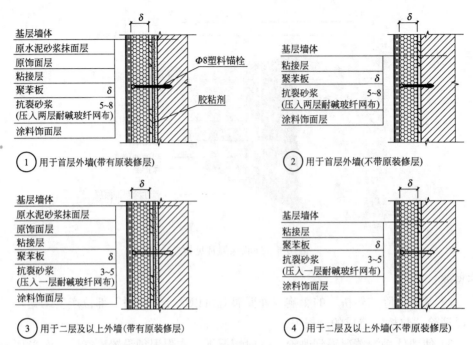

注：1. 原装修层是指在原基层墙体上的水泥砂浆抹面层及涂料饰面或面砖饰面层等。

　　2. 必要时，保温层材料需用φ8塑料锚栓辅助固定。

图 5-7　外墙外保温节能改造结构构造图

目前国内较成熟的外墙外保温技术主要有：聚苯乙烯保温材料外墙外保温技术、胶粉聚苯颗粒外墙外保温技术、发泡聚氨酯外墙外保温技术等。

5.2　聚苯乙烯保温材料施工技术

国内目前的建筑保温市场，建筑保温材料 80% 采用的是聚苯乙烯保温材料，包括 EPS 和 XPS 两种聚苯乙烯保温材料。

5.2.1　聚苯乙烯保温材料定义

聚苯乙烯保温板是由中心层构成的蜂窝状结构，以低沸点的聚苯乙烯树脂为基料、防火剂和其他原料，经加工进行预发泡后在模具中成型的蜂窝状板材，如图 5-8 所示。

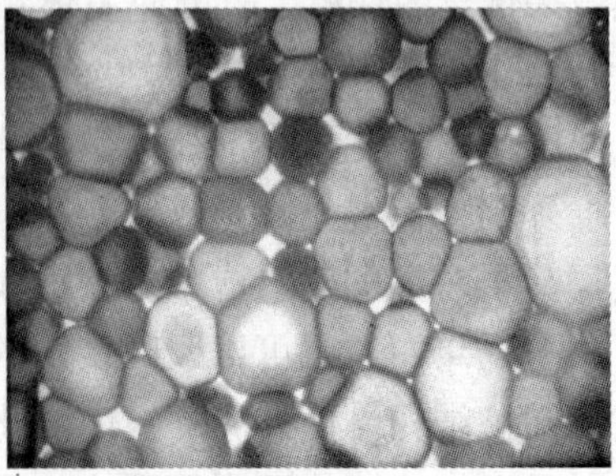

聚苯乙烯保温板表皮不含气孔，但中心层含大量微细封闭气孔，孔隙率可达 98%。聚苯乙烯泡沫塑料质轻、保温、吸音、防震、吸水性小、耐低温性能好，较强恢复变形能力。但该板材高温下易软化变形，安全使用温度为 70℃。XPS 挤塑保温板的强度不足以支撑面砖的铺贴。聚苯乙烯保温板材常见厚度 25、40、50、75mm，长度为 2450mm，宽

图 5-8　聚苯乙烯保温材料蜂窝结构图

度为 600mm、导热系数为 0.03W/(m·K)。

5.2.2 聚苯乙烯保温材料的应用

在建筑工程中使用的主要有：膨胀型聚苯乙烯板 EPS 材料（图 5-9 所示）和挤塑型聚苯乙烯板 XPS（图 5-10 所示）材料。EPS 和 XPS 都以聚苯乙烯树脂为原料，经过两种不同的生产工艺加工而成。EPS：加压成型；XPS：连续挤出发泡成型，其性能比较如下：

图 5-9　EPS 保温板

图 5-10　XPS 保温板

（1）导热系数 [W/(m·K)]：相同厚度，EPS 导热系数为 0.040；XPS 为 0.025；

（2）粘结强度：EPS 板强度低，抗剪切强度同样也低，板材破坏，有可能不是出在粘结面，而是板材中间直接破坏，而 XPS 具有良好的强度；

（3）抗拉强度：EPS 密度为 18～20kg/m³ 的抗拉强度为 110～140kPa。XPS 密度为 25～40kg/m³ 的抗拉强度则有 150～700kPa 或更高；

（4）耐候性：EPS 板比 XPS 吸水性高，但耐候性不如 XPS；

（5）耐久性：XPS 本身稳定的化学结构，具有持久性。

建筑节能工程中，使用比较广泛的是 XPS 保温板。

5.2.3 聚苯乙烯保温构造

以 XPS 保温材料为例，其构造见图 5-11 所示。

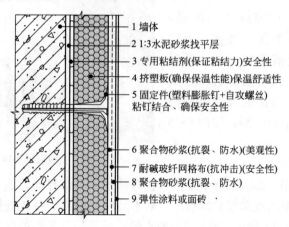

图 5-11　XPS 保温材料保温构造图

其中，第9构造层采用涂料或瓷砖的做法是不相同的，如饰面材料采用面砖系统时，则第5结构层应采用镀锌钢丝网。XPS与EPS保温构造略有差异，详见图5-12所示。

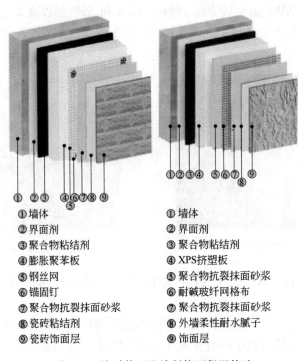

①墙体　　　　　　　　　　　①墙体
②界面剂　　　　　　　　　　②界面剂
③聚合物粘结剂　　　　　　　③聚合物粘结剂
④膨胀聚苯板　　　　　　　　④XPS挤塑板
⑤钢丝网　　　　　　　　　　⑤聚合物抗裂抹面砂浆
⑥锚固钉　　　　　　　　　　⑥耐碱玻纤网格布
⑦聚合物抗裂抹面砂浆　　　　⑦聚合物抗裂抹面砂浆
⑧瓷砖粘结剂　　　　　　　　⑧外墙柔性耐水腻子
⑨瓷砖饰面层　　　　　　　　⑨饰面层

图 5-12　瓷砖饰面和涂料饰面保温构造

5.2.4　聚苯乙烯保温施工材料

在聚苯乙烯保温施工过程中，玻纤网格布、聚合物砂浆和机械锚固件对整体施工质量和保温效果起着关键作用。

（1）玻纤网格布

砂浆中具有碱性金属氧化物如 $Ca(OH)_2$。

（2）NaOH，玻璃纤维不耐碱，长期在碱性条件下丧失强度。为防止饰面层出现脱落开裂现象，采用耐碱玻纤网格布作增强材料。施工中应注意玻纤搭接长度及增强部位的加强，否则会造成开裂，如图5-13所示。

（3）聚合物砂浆

图 5-13　工程现场用玻纤网格布

外保温系统中最薄弱的环节是聚苯板与砂浆的粘结界面。通过聚合物对砂浆进行改性，可满足与聚苯板粘结强度、耐水后粘结强度、系统的抗冲击性能和吸水量要求。如图5-14所示，添加3%的乙烯乙酸乙烯共聚物的砂浆与没有添加的区别。

（4）机械锚固件

用机械方法将保温材料固定在墙体上的连接件。为避免保温材料损坏和开裂，还需要对机械锚固件荷载及边距、间距、锚固深度、钻孔深度进行了解。

图 5-14　聚合物砂浆使用实验对比图

5.2.5　聚苯乙烯保温施工

施工机具：电动搅拌器、塑料搅拌桶、2m 靠尺、电动螺丝刀、壁纸刀、滚筒、棕刷、墨斗打磨抹子、粗砂纸、冲击钻、抹子、压子、阴阳角捆子、托灰板、腻子刀等。

施工环境的温度不应低于 5℃，以利于聚合物成膜。不应在五级以上的大风天气中或高温天气(30℃以上)阳光直射的墙面上施工，避免聚合物在施工过程结皮，影响工程质量。聚苯乙烯板施工大致可分为 8 个过程。

（1）基层处理

基层应坚固、平整、干净、无污物，找平层应与基体粘结牢固，不得空鼓。基层与粘结剂的拉伸粘结强度不低于 0.3MPa，与 EPS 板的粘结面积不小于 40%。

1）新墙体表面不得有残余砂浆，浮灰污垢、灰尘、油污等。旧墙体不能保证粘结强度的外墙表面应酌情清除、修补，加固、找平。

2）基底长时间下雨或粉刷砂浆未经干燥，墙体粉刷砂浆表面的孔洞会被雨水充满，使胶粘剂硬化生成的水化产物不能"扎根"到墙体表面的孔隙中而影响粘结强度，故墙体必须在使用胶粘剂之前进行充分干燥，养护时间为 7～14d。

3）墙体表面应平整，凹处应用砂浆处理平整，凸处应凿平。找平后基层平整度应达到 ±5mm/2m。

4）在粘结不能满足的条件下，应采用粘钉结合或机械方式固定保温板。

5）施工前，外门窗洞口应通过验收，门窗框或辅框、窗台板应安装完毕。伸出墙面的水落管、各种进户管线和空调支架、避雷针等预埋件、连接件应安装完毕。

（2）粘结砂浆及聚苯板排版

1）控制墙面垂直度和平整度：在墙面弹出门窗水平、垂直控制线，在建筑外墙大角挂垂直基准钢线，每个楼层适当位置挂水平线。

2）安装托架：在粘贴聚苯板之前，应在最下层聚苯板离地面高度 30cm 处事先锚固相应的聚苯板托架，以提高整个系统的安全性能。

3）粘结砂浆配制：集中搅拌，专人定岗。用电动搅拌器搅拌均匀，一次配制用量以一小时内用完为宜，配好的料注意防晒避风，超过"可操作时间"不准再度加水使用，作为废料处理。

4）粘贴聚苯板前应对墙面进行排版、弹线，并在墙的阳角、阴角挂通线，以保证粘贴的平整度。墙面排版要从墙的大角和门窗边框开始。

（3）聚苯板上墙

聚苯板宽度不大于 1200mm，高度不大于 600mm。EPS 板按顺砌方式粘结，错缝粘结，不得松动。墙角处 EPS 板咬槎，门窗四角 EPS 板不得拼接，整板切割成型。

1）板涂抹好后立即柔压在墙上，动作要迅速。同时应用 2m 靠尺进行压平操作，保证其平整度和粘结牢固，板与板之间要挤紧。

2）保温板应水平粘贴，保证连续结合，而且上下两排保温板应竖向错缝搭接。

3）在拐角处，应先排好尺寸，粘结时垂直交错连接，保证拐角处顺直且垂直。

4）在粘贴窗框四周的阳角和外墙阳角时，应先弹出基准线，作为控制阳角上下竖直的依据。

5）保温板接缝处不能粘有粘结砂浆，可填塞发泡聚氨酯材料。

6）粘结聚苯板几种错误做法如图 5-15。

（4）聚苯板粘结

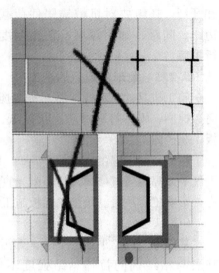

图 5-15　聚苯板上墙粘贴的常见错误

1）聚苯板粘结方法：条框法和点粘法。

2）墙面平整度在 5mm/2m 范围内时，应优先采用条粘法施工。施工时首先用锯齿抹灰平刀一侧将粘胶均匀地涂到聚苯板板面上，然后用锯齿抹灰齿刀一侧拖刮一次。

3）平整度超过 5mm/2m 时，应采用点粘法施工。首先用抹灰刀沿保温板周边将粘胶均匀地涂到保温板边缘上，然后在板面上再均匀地分布六至多个粘结点。

4）粘结点的厚度视墙面的平整度而定。平整度越差，粘结点越厚。

5）采用点粘法粘结，应保证在板的中央至少要有 2 个粘结点，一方面是为了保证保温板在墙体上有一个足够的粘结强度；另一方面是为了避免保温板中心部位的凸起，并造成保温板连接处出现裂缝。

（5）聚苯板打磨

1）聚苯板板面平整度以及高低板缝接茬处以及厚薄不均的地方，抹面砂浆干燥收缩时易产生应力集中而开裂。

2）EPS 板粘贴时一定要满足平整度。

3）在聚苯板粘贴时要在吊线、拉线下满足平整度，并在胶粘剂干燥一天后，用专用工具对保温板表面不平处进行打磨，磨平板缝高低接茬。

4）打磨后用刷子将打磨操作产生的碎屑清理干净。

5）不得有让防护面层及饰面层来进行找平的想法。

（6）聚苯板上安装锚栓

1）高度 20m 以上宜使用锚栓固定，可设置抗裂分隔缝。

2）当以涂料为外饰面时，锚栓可安装在聚苯板上。锚栓安装应在胶粘剂干燥24h后进行。

3）锚栓锚固深度不应小于25mm，墙体抹灰层不应作为有效锚固深度。

4）应视不同材质的墙体基层选择合适的锚栓，并调整入墙深度，保证锚栓在墙体中实际锚固力。

5）冲击钻钻头直径应为锚钉套管直径，不得过大或过小。钻入深度应大于锚栓锚固深度1cm，保证锚栓能顺利安装。

6）锚栓一般都优先打在相邻保温板的板缝交叉位置，数量不够再打在板中央。在多孔砖、加气块等较为疏松的墙体上打钉时应使用冲击力较小的冲击钻，尽量减小冲击力，以免造成墙体损坏，并使锚钉达到锚固力。

（7）聚苯板抹面层施工

1）聚苯板安装上墙后在经过数周的太阳曝晒后，表面会发生粉化、变黄的老化现象，应尽早覆盖防护面层。

2）保温板贴完后至少24小时，在保温板面上抹底层抹面砂浆，厚度2mm左右，立即压入耐碱玻璃纤维网格布，由抹子由中间向四周把网格布压入砂浆的表层，要平整压实，严禁网格布皱褶。网格布不得压入过深，表面必须暴露在底层砂浆之外。

3）水泥基防护面层的厚度宜控制为3mm左右，也不宜大于6mm。防护面层过薄过厚都易开裂，过薄无法保证涂料外饰面时外保温系统的抗冲击性，应保证抹面胶浆的用量。前后两遍应为连续施工，否则两层之间易产生界面问题。每一层都太薄也易产生失水过快而失去强度的现象。

4）罩面砂浆施工完毕后，至少静置24小时，方可进行下道工序。

（8）聚苯板饰面层施工

1）用弹性腻子做好底层。

2）选择透气性好、高弹性的涂料。

3）最好不使用平光涂料。平光涂料容易吸收阳光，老化速度快，且弹性不足。

4）饰面层涂料施工按相关标准及规程进行施工。

5.2.6 聚苯乙烯保温应用缺陷

目前，聚苯乙烯保温材料在我国建筑节能领域得到广泛应用，但其在应用过程中暴露了一些难以克服的缺陷。

（1）阻燃效果不理想：聚苯乙烯泡沫板产品内在质量不稳定，部分企业用回收EPS废品熔融造粒，添加滑石粉制作而成，极易发生火灾，图5-16为中央电视台保温材料火灾后的现场。

（2）稳定性差：聚苯板在环境中存放一段时间，或经过热冷气候变化，本身易

图5-16 聚苯乙烯保温材料火灾现场

变形，受热变形更大，最大到 1.5‰ 的收缩值，后期收缩可使 1m 的保温板缩短 1.5mm。

（3）易于老化：聚苯板表面受太阳紫外光线照射，表面老化现象而生成粉末，会降低保温板和粘结砂浆、抹面砂浆的粘结力，如图 5-17 所示。

（4）安全性不能满足实际需要：表面光滑不宜粘结牢固，强度不足以支撑面砖的铺贴。抗拉强度离散性大，压剪强度低，开裂。

图 5-17 聚苯乙烯老化致表面脱落

5.3 发泡聚氨酯保温材料施工技术

2007 年 8 月，住房和城乡建设部颁布《聚氨酯墙体材料应用导则》，明确将聚氨酯材料作为建筑保温材料进行推广；在欧美日等发达国家建筑保温材料中聚氨酯占 75%，聚苯乙烯占 5%，玻璃棉占 20%，而我国聚氨酯的应用只占 10%。通常，聚苯乙烯厚度要 8cm，而聚氨酯只需要 3.5cm 即可，综合效益显而易见，如图 5-18 所示。

材料	导热系数 W/m·K	具有相同保温效果的墙体材料 厚度对比	
聚氨酯硬泡(PU)	0.017–0.023	聚氨酯PU	40mm
挤塑聚苯乙烯(XPS)	0.030	聚苯乙烯聚塑板XPS	60mm
发泡聚苯乙烯(EPS)	0.040	聚苯乙烯泡沫板EPS	80mm
矿棉	0.043	矿物纤维	90mm
软木	0.045	聚苯颗粒浆料	120mm
椰壳纤维	0.050	复合木材	130mm
胶粉聚苯颗粒砂浆	0.060	软质木材	200mm
木纤维	0.065	轻质混凝土	760mm
麦秆	0.090	普通砖块	1720mm
膨胀黏土	0.100		

图 5-18 不同保温材料保温能力对比图

5.3.1 聚氨酯发泡生产及原料

聚氨酯是以 A 组分料和 B 组分料以及阻燃剂等其他必要成分混合反应形成的具有保温隔热和防水等功能的硬质泡沫材料，图 5-19 为聚氨酯现场喷涂设备。生产原料包括 A 组分料和 B 组分料：

（1）A 组分料：由组合多元醇（组合聚醚或聚酯）及发泡剂等添加剂组成的组合料，俗称白料。A 组分料是形成聚氨酯硬泡的主要原料之一。A 组分料中应无氯氟烃（破坏臭氧层），外观透明，均匀不分层；

（2）B 组分料：主要成分为异氰酸酯，俗称黑料，其中，异氰酸酯基（NCO）含量：30％～32％。

图 5-19　聚氨酯现场喷涂设备

5.3.2　聚氨酯硬泡外墙外保温构造

聚氨酯硬泡外墙外保温系统构成如图 5-20 所示。

5.3.3　聚氨酯保温施工方法

（1）喷涂法施工聚氨酯硬泡

采用专用喷涂设备，使 A 组分料和 B 组分料按比例从喷枪喷出后瞬间均匀混合并迅速发泡，在外墙基层上形成无接缝聚氨酯硬泡体，图 5-21 为工人在现场喷涂发泡施工聚氨酯。

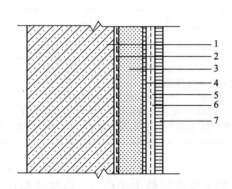

图 5-20　聚氨酯硬泡外墙外保温系统示意图

1—基层墙体；2—防潮隔气层（必要时）＋胶粘剂（必要时）；
3—聚氨酯硬泡保温层；4—界面剂（必要时）；5—玻纤
网布（必要时）；6—抹面胶浆（必要时）；7—饰面层

图 5-21　聚氨酯现场喷涂施工

（2）浇注法施工聚氨酯硬泡

采用专用浇注设备，将由 A 组分料和 B 组分料按一定比例从浇注枪口喷出后形成的混合料注入已安装于外墙的模板空腔中，之后混合料以一定速度发泡，形成饱满连续的聚氨酯硬泡体。

浇注法施工聚氨酯硬泡外墙外保温系统分为可拆模和免拆模两种。可拆模系统的构造层次一般包括：墙体基层界面剂（必要时）、聚氨酯硬泡保温层、保温层界面剂和饰面层等；免拆模系统的构造层次一般包括：墙体基层界面剂（必要时)、聚氨酯硬泡保温层、专用模板和饰面层等。

(3) 粘贴法施工聚氨酯硬泡保温复合板(预制板)

采用专门的粘结材料将聚氨酯硬泡保温复合板粘贴于外墙基层表面形成保温层,主要由聚氨酯硬泡保温复合板、抹面层、饰面层构成,聚氨酯硬泡保温复合板由胶粘剂(必要时增设锚栓)固定在基层墙面上(粘结面积应大于40%,且复合板周边宜进行粘结),抹面层中满铺耐碱网布。

(4) 干挂法施工聚氨酯硬泡

采用专门挂件将聚氨酯硬泡保温复合板固定于外墙基层表面形成保温层。喷涂法、浇注法、干挂法性能对比见表5-1。

不同施工方法的聚氨酯硬泡材料性能指标　　　　表 5-1

序号	项目		指标要求		
			喷涂法	浇注法	粘贴法或干挂法
1	密度,kg/m³		≥35	≥38	≥40
2	导热系数(23±2℃),W/(m·K)		≤0.024		
3	拉伸粘结强度,kPa		≥150(1)	≥150(2)	≥150(3)
4	拉伸强度,kPa		≥200(4)	≥200(5)	≥200
5	断裂延伸率,%		≥7	≥5	≥5
6	吸水率,%		≤4		
7	尺寸稳定性(48h),%		80℃≤2.0　－30℃≤1.0		
8	阻燃性能	热释放速率峰值,kW/m²	≤250		
		平均燃烧时间,s	≤30		
		平均燃烧高度,mm	≤250		
		烟密度等级(SDR)	≤75		
说明	(1) 是指与水泥基材料之间的拉伸粘结强度 (2) 是指聚氨酯硬泡材料与其表面的面层材料之间的拉伸粘结强度 (3) 拉伸方向为平行于喷涂基层表面(即拉伸受力面为垂直于喷涂基层表面) (4) 拉伸方向为垂直于浇注模腔厚度方向(即拉伸受力面为平行于浇注模腔厚度方向)				

(5) 聚氨酯硬泡保温复合板

聚氨酯硬泡保温复合板是指在工厂的专业生产线上生产的、以聚氨酯硬泡为芯材、两面覆以某种非装饰面层的复合板材,其面层为了增加保温复合板与基层墙面的粘结强度。聚氨酯硬泡保温复合板允许尺寸偏差见表5-2。

聚氨酯硬泡保温复合板允许尺寸偏差　　　　表 5-2

项目	允许偏差(mm)
厚度	厚度≥50mm时:0～+2.0;厚度<50mm时:0～+1.5
长度	长度≥1.2m时:±2.0;长度<1.2m时:±1.5
宽度	宽度≥600mm时:±2.0;宽度<600mm时:±1.5
对角线差	长度≥1.2m时:±3.0;长度<1.2m时:±2.0
板边平直	±2.0
板面平整度(1)	1.0

注:(1)只针对于板材长度≤1.5m。

（6）免拆模板

聚氨酯硬泡浇注施工后，模板不拆除，作为外保温系统的组成部分。这样的模板称为免拆模板。

5.3.4 喷涂聚氨酯施工

（1）喷涂前期处理

施工前应清洁外墙基面和墙面不得有浮尘、滴浆、油污、空鼓及翘边等，基层应干燥、干净，坚实平整；保温施工前，伸出墙面管道和预埋件应预先安装完毕；应特别注意以下事项：

1）喷涂设备到现场后，应先进行空运转，检查是否正常。

2）喷涂作业应按照使用说明书操作设备。开始时的料液应放弃，待料液比例正常后方可进行喷涂或浇注作业。

3）喷涂作业中，应随时检查发泡质量，发现问题后立即停机，查明原因后方能重新作业。当暂停喷涂或浇注作业时，应先停物料泵，待枪头中物料吹净后才能停压缩空气。

4）喷涂机及配套机械应具有除尘、防噪声设置。

（2）喷涂发泡施工

喷涂发泡将聚氨酯原料直接喷射到物件表面发泡成型，数秒钟内反应固化。施工时应有自动计量混合分配的喷涂设备，从喷枪到喷涂被饰物的距离为 400mm 以上，由于喷涂物反应极快，少量空气与雾状喷涂料一起附在基层上，包裹在弹性体之中，构成细小的独立气泡。喷涂发泡成型无须模具，可在任意复杂表面包括立面，平面，顶面都可以喷涂；喷涂发泡生产效率高，可喷 $4m^3/h$；喷涂硬泡聚氨酯泡沫塑料无接缝，绝热效果好；喷涂发泡粘结强度高。喷涂发泡施工具体要求如下：

1）喷涂施工时环境温度宜为 $10\sim40℃$，风速应不大于 $5m/s$（3 级风），相对湿度应小于 80%，雨天不得施工。当施工时环境温度低于 10℃时，应采取可靠的技术措施保证喷涂质量。

2）喷枪头距作业面的距离应根据喷涂设备的压力进行调整，不宜超过 1.5m；喷涂时喷枪头移动的速度要均匀。在作业中，上一层喷涂的聚氨酯硬泡表面不粘手后，才能喷涂下一层。

3）喷涂后的聚氨酯硬泡保温层应充分熟化 $48\sim72h$ 后，再进行下道工序。

4）喷涂后的聚氨酯硬泡保温层表面平整度允许偏差不大于 4mm。

5）喷涂施工作业时，门窗洞口及下风口宜做遮蔽，防止泡沫飞溅污染环境。

6）喷涂法施工应保证窗口部位聚氨酯硬泡与窗框的有效连接，窗上口及窗台下侧均应做滴水线。

喷涂法施工聚氨酯硬泡外墙外保温可分为三种系统：饰面层为涂料系统、饰面层为面砖系统、饰面层为干挂石材或铝塑板等。

（3）涂料饰面

涂料饰面构造如图 5-22 所示。发泡聚氨酯施工可按以下过程进行：

1）清理墙体基面浮尘、滴浆及油污；

2）吊外墙垂线、布饰面厚度控制标志；

3）抹面胶浆找平扫毛（墙体平整度、垂直度符合验收标准时可不进行）；

4）喷涂法施工聚氨酯硬泡保温层；

5）涂刷聚氨酯硬泡界面层；

6）采用抹面胶浆找平刮糙，并压入耐碱玻纤网格布；

7）批刮柔性外墙腻子、腻子是对墙基面进行预处理的一种表面填充材料，主要目的是填充墙基面的孔隙及矫正墙基面的曲线偏差，为获得均匀、平滑的乳胶漆效果打好基础。

8）喷涂（刷涂、滚涂）外墙弹性涂料或喷涂仿石漆等。

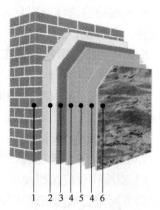

图 5-22 涂料饰面发泡
聚氨酯保温构造图
1—基层墙体；2—聚氨酯硬泡；
3—聚氨酯界面剂；4—抹面胶浆；
5—耐碱玻纤网格布；6—涂料饰面层

（4）面砖饰面

面砖饰面构造如图 5-23 所示，发泡聚氨酯施工可按以下过程进行：

1）清理墙体基面浮尘、滴浆及油污；

2）吊外墙垂线、布饰面厚度控制标志；

3）抹面胶浆找平扫毛（墙体平整度，垂直度符合验收要求时可不进行）；

4）钻孔安装建筑专用锚栓；

5）喷涂法施工聚氨酯硬泡保温层；

6）涂刷聚氨酯硬泡界面层；

7）采用抹面胶浆找平刮糙；

8）铺设热镀锌钢丝网并与锚栓牢固连接，增强表面的抗裂能力和整体性；

9）采用抹面胶浆找平扫毛；

10）采用专用粘结材料粘贴外墙面砖；

11）面砖柔性勾缝。

（5）石材干挂饰面

石材干挂饰面构造如图 5-24 所示，发泡聚氨酯施工可按以下过程进行：

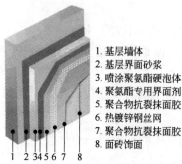

1. 基层墙体
2. 基层界面砂浆
3. 喷涂聚氨酯硬泡体
4. 聚氨酯专用界面剂
5. 聚合物抗裂抹面胶
6. 热镀锌钢丝网
7. 聚合物抗裂抹面胶
8. 面砖饰面

图 5-23 面砖饰面发泡聚氨酯保温构造图

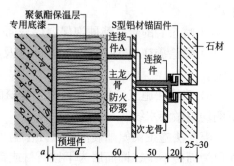

图 5-24 石材干挂饰面发泡聚氨酯保温构造图

1）清理基面浮尘、滴浆及油污；

2）抹面胶浆找平扫毛（墙体平整度垂直度符合验收标准时可无）；

3）在承重结构部位安装龙骨预埋件；

4）喷涂法聚氨酯硬泡保温层；

5）在龙骨预埋件上安装主龙骨；

6）按设计及石材大小在外墙挂线；

7）在主龙骨上安装次龙骨及挂件；

8）在石材上开设挂槽，利用挂件将石材固定在龙骨上；

9）调整挂件紧固螺母，对线找正石材外壁安装尺寸（挂槽内用云石胶满填缝）。

（6）喷涂施工注意事项

1）喷涂法施工时，在墙体变形缝处聚氨酯硬泡保温层应设置分隔缝，缝隙应采用高弹性密封材料封口。

2）聚氨酯硬泡保温层沿墙体层高宜每层留设水平分隔缝；纵向以不大于两个开间并不大于10m宜设竖向分隔缝。

3）当采用抹面胶浆等材料找平喷涂聚氨酯硬泡保温层时，应立即将裁好的玻纤网格布（或钢丝网），用铁抹子压入抹面胶浆内，相邻网格布（或钢丝网）搭接宽度不小于100mm。

4）饰面层为涂料，则室外自然地面＋2.0m范围墙面，应铺贴双层网格布，网格布之间抹面胶浆必须饱满，门窗洞口等阳角处应做护角加强。

5）饰面层为面砖，应采取有效方法确保系统安全性，且室外自然地面＋2.0m范围以内的墙面阳角钢丝网应双向绕角互相搭接，搭接宽度不得小于200mm。

5.3.5 聚氨酯硬泡外墙外保温系统的整体性能要求

聚氨酯硬泡外墙外保温系统的整体性能要求见表5-3。

聚氨酯硬泡外墙外保温系统的整体性能要求　　　　表5-3

序号	项目		指标要求	序号	项目	指标要求
1	抗风荷载性能		系统抗风压值 R_d 不小于风荷载设计值。对于饰面层粘结于保温层的外保温系统，系统的安全系数 K 应不小于1.5；对于饰面层干挂的外保温系统，系统的安全系数 K 应不小于2	3	吸水量	水中浸泡1h，系统的吸水量小于 $1.0kg/m^2$
2	抗冲击性	普通型	3J级，适用于建筑物二层及以上墙面等不易受碰撞部位	4	抗冻融性能	对于饰面层粘结于保温层的外保温系统，30次冻融循环后，保护层无空鼓、脱落，无渗水裂缝；保护层与保温层的拉伸粘结强度不小于0.1MPa，破坏部位应位于保温层。对于饰面层干挂的外保温系统，30次冻融循环后，系统各部分外观无明显变化
		加强型	10J级，适用于建筑物首层墙面以及门窗口等易受碰撞部位	5	热阻	系统的热阻应符合设计要求

序号	项目	指标要求	序号	项目	指标要求
6	抹面层不透水性	2h 不透水	9	系统耐候性	对于饰面层粘结于保温层表面的外保温系统，经过耐候性试验后，系统不得出现饰面层起泡或剥落、保护层空鼓或脱落等破坏，不得产生渗水裂缝；具有抹面层的系统，抹面层与保温层的拉伸粘结强度不得小于 0.1MPa，且破坏部位应位于保温层。对于饰面层干挂的外保温系统，经过耐候性试验后，系统外观不得出现明显变化
7	水蒸气渗透阻	水蒸气湿流密度≥0.85g/ m²·h			
8	燃烧性能	热释放速率峰值≤10kW/ m²，总放热量≤5MJ/m²			

注：水中浸泡 24h，若只带有抹面层和带有全部保护层的系统的吸水量均小于 0.5kg/m² 时，可不检验耐冻融性能。

5.3.6 聚氨酯防火

防火是保温节能领域的敏感话题。从国内外大量的数据和实际工程发现：掺加阻燃剂的聚氨酯发泡材料的防火性能好于聚苯板。中国建筑科学研究院完成的聚氨酯板材体系窗口火试验和墙角火试验，如图 5-25 所示。聚氨酯外墙保温体系经历 30min 以上灼烧后，保温系统没有发生轰燃，聚氨酯硬泡遇火后碳化，抑制了火势的蔓延，结构体系保持稳定。而聚苯板体系，却是火势凶猛。例如，2010 年 11 月 15 日，上海市中心胶州路一栋 28 层住宅楼火灾原因主要为：阻燃剂质量不过关及聚氨酯材料本身有问题。

图 5-25 聚氨酯窗口火实验现场图

5.4 胶粉聚苯颗粒保温砂浆施工技术

5.4.1 无机保温砂浆施工技术

无机保温砂浆种类较多，常用的有胶粉聚苯颗粒浆料、胶粉玻化微珠保温砂浆、复合硅酸盐保温砂浆、稀土保温砂浆。

（1）胶粉聚苯颗粒浆料，以有机聚苯颗粒作为细骨料，胶粉为无机物，属无机与有机物的复合体，其优点是保温层与墙体易粘接，且保温隔热效果与耐久性均较好，施工后一般不易出现大面积龟裂、空鼓和脱落等现象。目前人类正在采取对聚苯颗粒进行改性的措施，使其具有亲水性以增大其与胶粉的粘接性，从而提高其强度和耐久性。

（2）胶粉玻化微珠保温砂浆，属于无机保温材料，其耐候、环保和防火性能均优于其他保温材料，并具有良好的保温隔热性能，应用表明，30mm厚的玻化微珠保温砂浆的保温效果即可实现节能50％的结果，该种保温体系适用于多层及高层建筑外墙外保温及内保温抹灰工程。

（3）复合硅酸盐保温砂浆由无机胶结料、硅酸铝、矿物填料和增强增粘组分及玻化微珠、陶砂等轻骨料配制而成，该材料加水拌合硬化后可形成三维八面体封闭微孔网状结构，具有弹性，且不开裂、不粉化，导热系数小，与基层墙体粘接强度高，且该材料施工范围较广，耐酸碱程度较强。

（4）稀土保温砂浆是由稀土、矿棉和玻化微珠作为轻质保温隔热骨料配制而成，其特点是与基层粘接强度高，不宜变形及抗冲性能良好，其导热系数小，因而节能效果突出，并可解决传统保温材料易产生的冷桥、能量散失快以及导热系数衰减等问题。

目前胶粉聚苯颗粒保温砂浆应用最为普遍。

5.4.2　胶粉聚苯颗粒保温技术

胶粉聚苯颗粒保温系统是以预混合型干拌砂浆为主要胶凝材料，加入适当的抗裂纤维及多种添加剂，以聚苯乙烯泡沫颗粒为轻骨料，按比例配制，在现场加以搅拌均匀即可，外墙内外表面均可使用。

胶粉聚苯颗粒保温砂浆导热系数较低，保温隔热性能好，抗压强度高，粘接力强，附着力强，耐冻融、干燥收缩率及浸水线性变行率小，不易空鼓、开裂。胶粉聚苯颗粒保温系统采用现场成型抹灰工艺，材料和易性好，易操作，施工效率高，材料成型后整体性能好。胶粉聚苯颗粒保温系统可避免块材保温、接缝易开裂的弊病，且在各种转角处无需裁板做处理，施工工艺简单。胶粉聚苯颗粒保温系统总体造价较低，能满足相关节能规范要求，而且特别适合建筑造型复杂的各种外墙保温工程，是目前普及率较高的一种建筑保温节能做法。

5.4.3　胶粉聚苯颗粒保温系统构造和组成材料

胶粉聚苯颗粒保温系统构造如图5-26所示。

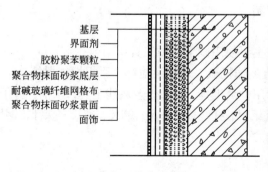

基层
界面剂
胶粉聚苯颗粒
聚合物抹面砂浆底层
耐碱玻璃纤维网格布
聚合物抹面砂浆景面
面饰

图5-26　聚苯颗粒保温系统

胶粉聚苯颗粒保温系统主要材料性能指标分别见表5-4～表5-7。

界面处理剂性能指标   表 5-4

项目		单位	指标
压剪胶结强度	原强度	MPa	≥0.7
	耐水	MPa	≥0.5
	耐冻融	MPa	≥0.5

胶粉聚苯颗粒保温浆料性能指标   表 5-5

项目	单位	指标
湿表观密度	kg/m³	≤420
干表观密度	kg/m³	≤230
导热系数	W/m·K	≤0.059
压缩强度	kPa	≥250
难燃性	—	B1 级
抗拉强度	kPa	≥100
压剪粘结强度	kPa	≥50
线性收缩率	%	≤0.3
软性系数		≥0.7

聚合物抹面砂浆性能指标   表 5-6

项目	单位	指标
砂浆稠度	mm	80～130
可操作时间	h	≥2.0
拉伸粘结强度(常温 28d)	MPa	＞0.8
浸水粘结强度(常温 28d，浸水 7d)	MPa	＞0.6
抗弯曲性	—	5%弯曲变形无裂纹
渗透压力比	%	≥200

耐碱涂塑玻璃纤维网格布技术指标   表 5-7

单位面积质量 (g/m²)	耐碱断裂强力保留率 (%)	耐碱断裂强力保留值 (N/50mm)	涂胶量 (%)	网眼尺寸 (mm)
≥160	≥50	≥750	≥8	4～6

5.4.4 施工工具和材料配制

（1）施工工具

胶粉聚苯颗粒保温系统施工主要使用以下三类工具：

1）强制式砂浆搅拌机、垂直运输机械、水平运输车、手提搅拌器等；

2）常用抹灰工具及抹灰的专用检测工具、经纬仪及放线工具、水桶、剪子、滚刷、铁锨、扫帚、手锤、錾子、壁纸刀、托线板、方尺、靠尺、塞尺、探针、钢尺等；

3）脚手架或吊篮。

（2）材料配制

胶粉聚苯颗粒保温系统施工过程中，主要有界面处理砂浆的配置、胶粉聚苯颗粒保温浆料的配置以及抗裂砂浆的配置。

1）界面处理砂浆的配制：将界面剂与水按(4：1)重量比，搅拌成均匀浆体。

2）胶粉聚苯颗粒保温浆料的配制：先将 35～40kg 水倒入砂浆搅拌机内，然后倒入一袋 25kg 胶粉料搅拌 3～5min 后，再倒入一袋 200L 聚苯颗粒继续搅拌 3min，可按施工稠度适当调整加水量，搅拌均匀后倒出。应随搅随用，在 4h 内用完。

3）抗裂砂浆的配制：将聚合物抗裂砂浆粉料与水按（5∶1）配制，用砂浆搅拌机或手提搅拌器搅拌均匀。抗裂砂浆不得任意加水，应在 2h 内用完。

5.4.5　施工进程和施工要点

（1）作业条件

胶粉聚苯颗粒保温砂浆系统施工时，应具备相应的作业条件：

1）外墙墙体工程平整度达到要求，外门窗口安装完毕，经有关部门检查验收合格；

2）门窗边框与墙体连接应预留出外保温层的厚度，缝隙应分层填塞严密，做好门窗表面保护；

3）外墙面上的雨水管卡、预埋铁件、设备穿墙管道等提前安装完毕，并预留出外保温层的厚度；

4）施工用吊篮或专用外脚手架搭设牢固，安全检验合格。脚架横竖杆距离墙面、墙角适度，脚手板铺设与外墙分格相适应；

5）预制混凝土外墙板接缝处应提前处理好；

6）作业时环境温度不应低于 5℃，风力应不大于 5 级，风速不宜大于 10m/s。严禁雨天施工，且雨季施工时应做好防雨措施。

（2）施工进程

胶粉聚苯颗粒保温系统施工进程如图 5-27 所示。

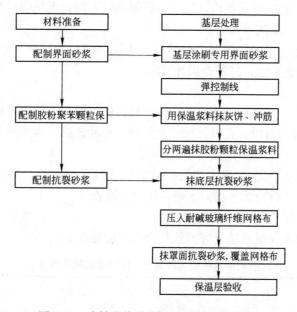

图 5-27　胶粉聚苯颗粒保温系统施工进程图

（3）施工要点

1）基层墙面处理时，墙面应清理干净无油渍、浮尘等，旧墙面松动、风化部分应剔凿干净，墙表面凸起物≥10mm 应铲平。

2）对要求作界面处理的基层应满涂界面砂浆，用滚刷或扫帚将界面砂浆均匀涂刷。

3）吊垂直、套方找规矩、弹厚度控制线、拉垂直、水平通线，套方作口，按厚度线用胶粉聚苯颗粒保温浆料作标准厚度灰饼冲筋。

4）胶粉聚苯颗粒保温浆料的施工：

① 抹胶粉聚苯颗粒保温浆料应至少分两遍施工，每两遍间隔应在 24h 以上。

② 第一遍施工厚度为 20mm，第二遍施工厚度为 10mm。

③ 最后一遍操作时应达到冲筋厚度并用大杠搓平，满足墙面门窗口平整度要求。

④ 保温层固化干燥（用手掌按不动表面）后方可进行抗裂保护层施工。

5）抹抗裂砂浆，铺贴玻纤网格布。玻纤网格布按墙体尺寸事先裁好，抹抗裂砂浆一般分两遍完成，第一遍厚度约 2～3mm，随即抹竖向铺贴玻纤网格布，用抹子将玻纤网格布压入砂浆，搭接宽度不应小于 50mm。先压入一侧，抹抗裂砂浆，再压入另一侧，严禁干搭。玻纤网格布铺贴要平整无褶皱，饱满度应达到 100%，随即抹第二遍找平抗裂砂浆，厚度约 1～2mm，抹平压实、平整。

6）抹完抗裂砂浆后，应检查平整、垂直及阴阳角方正，对于不符合本省市地方标准要求的进行修补。

5.4.6 质量检验和保证

（1）保证项目

1）所用材料品种、质量、性能应符合设计和本规程规定要求；

2）保温层厚度及构造做法应符合建筑节能设计要求；

3）保温层与墙体以及各构造层之间必须粘接牢固，无脱层、空鼓、裂缝，面层无粉化、起皮、爆灰等现象；

4）工程竣工一年后，根据《采暖居住建筑节能检验标准》（JGJ 132—2001）规定现场抽检传热系数，应符合设计要求。

（2）基本项目

1）表面平整、洁净，接茬平整，无明显抹纹，线角，分格条顺直、清晰；

2）墙面所有门窗口、孔洞、槽、盒位置和尺寸正确，表面整齐洁净，管道后面抹灰平整；

3）分格条（缝）宽度、深度均匀一致，条（缝）平整光滑，棱角整齐，横平竖直，通顺。滴水线（槽）流水坡向正确，线（槽）顺直。

（3）允许偏差

胶粉聚苯颗粒保温系统允许偏差及检验方法见表 5-8。

胶粉聚苯颗粒保温系统允许偏差及检验方法　　　　　表 5-8

项次	项目	允许偏差		检查方法
		保温层	抗裂层	
1	立面垂直	4	4	用 2m 托线板检查
2	表面平整	4	4	用 2m 靠尺及塞尺检查
3	阴阳角垂直	4	4	用 2m 托线板检查

续表

项次	项目	允许偏差		检查方法
		保温层	抗裂层	
4	阴阳角方正	4	4	用 20cm 方尺和塞尺检查
5	分格条(缝)平直	3		拉 5m 小线和尺量检查
6	立面总高度垂直度	$H/1000$ 且不大于 20		用经线仪、吊线检查
7	上下窗口左右偏移	不大于 20		用经纬仪、吊线检查
8	同层窗口上、下	不大于 20		用经纬仪、吊线检查
9	保温层厚度	不允许有负偏差		用探针、钢尺检查

(4)质量保证

1)墙面的灰饼应用聚苯颗粒保温浆料制成。

2)保温浆料要在搅拌机中拌合,不能用手工拌合。

3)保温浆料干燥后,用手按保温层按不动时,即可进行防护面层的施工。

4)提前将网格布按层高长度截好。

5.4.7 成品保护及注意事项

(1)成品保护

1)门窗框,管道,槽盒上残存砂浆,应及时清理干净;

2)翻拆架子应防止破坏已抹好的墙面,门窗洞口、边、角、垛宜采取保护性措施。其他工种作业时应不得污染或损坏墙面,严禁踩踏窗口;

3)各构造层在凝结前应防止水冲、撞击、振动;

4)应遵守有关安全操作规程。新工人必须经过技术培训和安全教育方可上岗。脚手架或吊篮经安全检查验收合格后,方可上人施工;

5)施工现场配备专职安全员,负责检查施工过程当中出现的安全隐患问题,及时发现及时排除;

6)施工现场禁止打闹、嬉戏、吸烟等行为。

(2)注意事项

胶粉聚苯颗粒保温系统在施工过程中应特别注意以下事项:

1)分格线、滴水槽、门窗框、管道、槽盒上残存砂浆,应及时清理干净;

2)移动吊篮,翻拆架子应防止破坏已抹好的墙面,门窗洞口、边、角、垛宜采取保护性措施。其他工种作业时不得污染或损坏墙面,严禁踩踏窗口;

3)各构造层在凝结前应防止水冲,撞击、振动;

4)应遵守有关安全操作规程。新工人必须经过技术培训和安全教育方可上岗。脚手架经安全检查验收合格后,方可上人施工,施工时应有防止工具、用具、材料坠落的措施。

5.5 墙体自保温施工技术

5.5.1 外墙自保温概况

目前国内采用的建筑外墙保温节能方式主要有 3 种:外墙内保温体系、外墙外保温体系和外墙自保温体系。外墙节能大多需要采用外墙外保温体系，但外墙外保温体系缺点是：①受保温材料的限制，外墙外保温体系的设计寿命一般不超过25年，大大短于建筑物寿命；②外墙装饰有一定的局限性；③每3～5年，要进行一次维护、维修，给物业管理带来较大麻烦。

相比外墙内保温和外墙外保温体系，外墙自保温体系具有工序简单、施工方便、安全性能好、低建筑成本、便于维修改造、外装饰多样化和可与建筑物同寿命等特点，能有效解决外墙开裂和渗水问题。我国广大地区，特别是夏热冬冷地区，外墙自保温体系是实施建筑节能标准的一种经济、合理、可行的办法。

墙体自保温系统是指按照一定的建筑构造，采用节能型墙体材料及配套专用砂浆，在建筑墙体主体两侧不采用复合保温系统，使墙体主体部位的传热系数（K_p）能满足建筑所在地区现行建筑节能设计标准规定的墙体平均传热系数（K_m）限值的墙体构造系统。墙体自保温系统使用范围是墙体中除结构冷（热）桥以外的部位，如砖混结构体系建筑中的承重墙墙体部位，框架结构体系建筑中的填充墙体部位。

5.5.2　外墙自保温体系分类

（1）蒸汽加压混凝土自保温系统

蒸养加气混凝土，如图5-28所示。也称加气混凝土，是一种具有高分散性多孔结构的混凝土制品，以硅质材料（砂、粉煤灰及含硅尾矿等）和钙质材料（石灰、水泥）为主要原料，掺加发气剂（铝粉），通过配料、搅拌、浇注、预养、切割、蒸压、养护等工艺过程制成的轻质多孔硅酸盐制品。因其经发气后含有大量均匀而细小的气孔，故名加气混凝土。常用的加气混凝土砌块性能指标见表5-9，砌块密度越低，导热系数越小，保温隔热性能也就越好。

图5-28　加气混凝土砌块

加气混凝土砌块性能　　　　　　　　　　　　　　　表5-9

体积密度等级	B03	B04	B05	B06	B07	B08
密度(kg/m³)，≤	300	400	500	600	700	800
导热系数/[W/(m·K)]，≤	0.10	0.12	0.14	0.16	0.18	0.20
抗压强度(MPa)，≥	1.0	2.0	2.5	3.5	5.0	7.5
mm/m ≤			0.50			
抗冻性(冻后强度)(MPa)，≥	0.8	1.6	2.0	2.8	4.0	6.0

蒸养加气混凝土总孔隙率可达70%～85%，孔表面积为40～50m²/g，体积密度一般为500～900kg/m³，为普通混凝土的1/5，黏土砖的1/4，空心砖的1/3，与木质差不多，能浮于水，可减轻建筑物自重，同时大幅度降低建筑物的综合造价。目前，国内设计、施工人员以及房产开发商越来越多地选用加气混凝土作为墙体材料，尤其是在高层建筑中，常用来砌筑框架填充墙和隔墙。

（2）页岩烧结保温空心砌块自保温系统

页岩烧结保温空心砌块为将原料真空、高压挤塑成型，再经高温烧结而成，其干收缩率小，抗压强度高、空隙率高，重量轻，几何尺寸规则，并具有较好的物理性能和工艺性能。采用该种砌块砌筑后抹灰时其灰面干燥并极少发生龟裂，可用作单一墙体砌筑后而可不再做保温，也可与聚苯乙烯泡沫板形成复合墙体。

（3）轻型钢丝网架聚苯板自保温体系

轻型钢丝网架聚苯板自保温体系是以阻燃型膨胀聚苯板为芯材，两侧以钢丝网片覆盖，并有斜插钢丝穿透点焊连接的墙体制品，其在现场安装就位后经对两侧喷射细石混凝土后形成轻质墙体，该种材料在施工时应注意保护芯材，若外墙需设置井洞应先画好位置，并将洞口位置的钢丝剪掉后锯开保温板后方可进行开洞施工，由于安装后的保温板长期日晒雨淋将导致表面界面剂失效并考虑其防火、防污染、锈蚀等因而应尽早进行分层抹灰保护。施工后需做外墙贴面的应待外保温抹灰洒水养护不少于3d时间，待抹灰层达到较高强度、收缩变形基本完成后方可进行外贴面施工，外墙为涂料层的应尽量推迟施工时间以保证墙面干燥，待抹灰层局部裂纹充分发展并稳定后用弹性腻子填嵌刮平后方可施工。

在墙体自保温体型中，蒸压加气混凝土砌块墙体自保温系统应用最为广泛。

5.5.3　蒸养加气混凝土生产工艺和质量控制

（1）生产工艺

1）原料预处理设备

① 破碎机：加气混凝土的块状物料，如生石灰、石膏等，必须进行破碎才能进入下加气混凝土生产线道工序。

② 粉磨机：加气混凝土的物料必须经粉磨后才能更好进行反应。粉磨主要使用球磨机。球磨机有干磨、湿磨两种，可根据需要选择。

2）原料计量设备原料计量一般采用微机控制全自动计量系统。

3）物料搅拌浇注设备物料搅拌浇注设备主要是搅拌机，它既是搅拌设备，也是料浆浇注设备。

4）切割机加气混凝土在浇注发气后，形成坯体。由于坯体体积很大，要达到所要求的产品尺寸，就必须进行切割加工。

5）蒸压釜蒸压釜是硅酸盐制品进行水化反应，获得物理力学性能的设备。其操作使用在加气混凝土生产中，是关系安全生产及能源利用的重要内容。

6）锅炉主要为蒸压釜和预养窑等用热设施提供热能。

7）辅助设备：模框、底板、模具车

这些设备配合组成浇注模具，是加气混凝土的主要成型设备。

8）蒸养车、摆渡车、吊具这些辅助设备是蒸压养护系统所必须配备。

（2）质量控制

1）水泥

水泥中 CaO 的含量约为 60%，其中只有 20% 左右经过水化析出游离的 $Ca(OH)_2$。因此，从提高蒸养加气混凝土的强度来看，采用石灰-水泥混合钙质体系更为有利。

2) 生石灰

生产蒸养加气混凝土砌块所使用的生石灰应当符合《硅酸盐建筑制品用生石灰》JCT 621—2009 的标准。同时，必须添加调节剂来控制石灰的水化放热速度。

3) 矿渣

生产蒸养加气混凝土砌块的矿渣是经过水淬的粒状高炉矿渣，要求其 A 级矿渣(CaO+MgO)的质量分数至少应大于或等于 65％。这种矿渣所含的玻璃质成分中的 SiO_2 和 Al_2O_3 具有活性，储藏大量的化学内能，可以提高浇注的稳定性，对坯体的硬化起到一定的促进作用。在蒸压条件下，矿渣中的硅酸盐矿物质能够与 SiO_2 作用生成低碱水化物，从而提高蒸养加气混凝土砌块的强度。

4) 砂

砂的选择要求很高，应按照《硅酸盐建筑制品用砂》JCT 622—2009 中规定的标准进行选用。一般来讲，砂中的石英含量越高，用其生产出来的蒸养加气混凝土砌块的质量就越好。

5) 粉煤灰

用于生产蒸压加气混凝土砌块的粉煤灰应具有必要的细度，细度不足时应通过二次加工进行磨细。

6) 蒸养

蒸养加气混凝土砌块的蒸压养护是获得强度等性能的必要条件。因为托勃莫来石等产物只有在 74.5℃以上时才会大量生成，因此，蒸压加气混凝土砌块只有在此温度和压力水平上，保持一定时间，才具有良好的综合物理性能。根据是否真空等情况，蒸压加气混凝土砌块的养护时间一般需要 6～12h。

5.5.4 蒸压加气混凝土施工

(1) 一般规定

1) 进入施工现场的所有砌块应有出厂检验报告和出厂合格证，并应对砌块的外观质量、尺寸偏差、强度等级、干密度、导热系数进行复检；

2) 砌块堆放应符合下列要求：

① 砌块堆放场地应选择靠近施工地点，场地应平坦、干燥；

② 砌块应按品种、规格分别堆放整齐，不得直接接触地面并在堆垛上设标识牌且做好防雨遮盖；

③ 砌块运输、装卸时应严禁翻斗倾卸和任意抛掷，防止损坏棱角边；

④ 砌块堆放高度不宜超过 2.0m。

3) 砌筑时应控制砌块的含水率，施工时的砌块含水率宜小于 30％，且不得冒雨施工。

4) 在砌块墙体上钻孔、开槽等，均应采用专用工具，不得任意剔凿。切锯时应使用合适的工具，不得用瓦刀凿砍。

5) 砂浆应在规定的时间内使用完毕，不得超保塑时间使用。严禁不同品种砂浆混存混用。

6) 在构造柱立模前，应将留槎部位与混凝土交接面上的灰屑清理干净后再立模，并适当浇水湿润。振捣时，应避免触碰墙体，严禁通过墙体传振。

7) 增加补砌时间(一周)。

(2) 砌体砌筑

1) 填充墙施工宜按下列工艺流程进行:

清理基层→定位放线→预排砌块→铺砂浆→砌加气块→砌块与门窗口连接→浇筑混凝土构造柱→补砌顶部配套砌块。

2) 砌筑前,将砌筑部位的浮浆残渣清理干净并进行弹线,填充墙的边线、门窗洞位置线应准确。

3) 砌筑时应预排砌块,并优先使用主规格的砌块,需断开砌块时,应使用手锯、切割机等工具锯裁整齐,并保护好砌块的棱角,锯裁砌块的长度不应小于砌块总长度的 1/3。长度小于 150mm 的砌块不得用于排块。

4) 铺浆应均匀、平整,随铺随摆;砌块宜一次摆正。竖缝应填满、捣实、刮平。严禁用水冲浆灌缝。

5) 采用粘结剂施工时,灰缝厚度应控制≤3mm。灰缝要求横平竖直,砂浆应饱满,原浆随砌随勾缝。外墙砂浆饱满度:水平缝不应低于 90%,竖直缝不应低于 80%。

6) 砌筑时,应注意上下错缝,搭接长度不得小于砌块长度的 1/3。

7) 砌体的转角处和纵横墙交接处应同时砌筑。对于不能同时砌筑的而又必须留置临时间断处,应留成斜槎,斜槎水平投影长度不应小于高度的 2/3;接槎时,应先清理基面,然后用相同材料接砌。

8) 砌体的日砌筑高度宜控制在 1.8m 以内。砌至接近梁、板底时,应留一定空隙,待砌体收缩稳定后再补砌,补砌采用平行四边形加气砖进行砌筑,砌筑砂浆应饱满。应至少间隔 7 天后进行补砌。

(3) 抹灰及饰面

1) 抹灰前应将砌体的灰缝、孔洞、凿槽填补密实、平整,然后清理基面。抹灰应在砌筑完毕后至少七天,且验收合格后进行。

2) 墙面抹灰施工宜按下列流程进行:基体表面处理→修正补平勾缝→必要部位挂加强网→界面处理→墙面抹灰→清理。

3) 砌筑完毕后不应立即抹灰,应待墙面干燥,墙面含水率达到 15%~20% 后才能进行抹灰。抹灰的时间应控制在砌筑完成的 7 天以后进行。抹灰前的砌块含水率应不大于 20%。

4) 抹灰前应将墙面基层清理干净,并将墙面低凹处修正补平以及检查灰缝,将饱满度不够的灰缝补满。

5) 凡两种不同材料之间的缝隙包括钢筋混凝土柱、梁、窗台板、电表箱、等与墙交接处及墙面槽均应用大于 100mm 宽的耐碱玻纤网格布进行加强,然后再抹灰。

6) 抹底层灰前先进行基面处理,使用专用界面剂作基面处理。将调匀的界面剂涂抹在基层表面,厚度宜为 2~4mm。

7) 待界面剂凝结达到一定强度后,方可根据抹灰层厚度做灰饼。抹灰层的厚度应予控制。当抹灰层超过 15mm 时应分层抹,一次抹灰厚度不宜超过 15mm,

其总厚度宜控制在 20mm 以内，下一层抹灰层应待前一层抹灰终凝后进行。

8）饰面工程施工前，应检查墙体表面的平整度和垂直度，超过允许偏差的部分应磨平，并及时清理灰尘。墙体表面的缺损部位及与管道、洞口等结合处应用专用修补材料或以砂加气块碎屑拌水泥、石灰膏及适量建筑胶水进行修补。

9）对饰面工程要求较低的外墙或内墙，可在干净、平整的墙面上作勾缝处理后刷一遍苯丙防水乳液，表面为两度乳胶漆。

10）涂料饰面施工应在表面抹有腻子，且平整度符合要求的薄抹灰层、粉刷层或粉刷石膏层完成后进行。涂料宜按三遍（一底、二面）要求施工，宜采用弹性涂料。

11）粘贴饰面砖的粉刷底层（找平层）应干净、平整、毛糙、垂直。当有防潮、防水要求时尚应满刷专用防水剂。粘贴时，应采用瓷砖粘合剂满涂饰面砖背面，24h 后用嵌缝剂嵌缝。

12）饰面砖或内墙饰面板粘贴必须牢固，其厚度宜小于或等于 10mm。外墙饰面砖粘贴前和施工中，均应在相同基层上做样板件，并对样板件的饰面砖粘结强度进行检验，其检验方法和结果判定应符合《建筑工程饰面砖粘结强度检验标准》JGJ 110 的规定。

13）花岗石、大理石等饰面板安装必须牢固、安全、无隐患，其预埋件（或后置埋件）和连接件的数量、规格、位置、连接方法、防腐处理及后置埋件的现场拉拔强度必须符合设计要求。

14）外饰面工程的施工宜在屋面工程完成后进行。

（4）门窗安装

门窗洞两侧应保证洞周边平直。门窗安装前，应在砌筑墙体时在门窗洞两侧的墙体上中下位置每边砌入带防腐木砖的 C20 混凝土块，然后将门窗框连接固定。门窗框之间的间隙应用柔性材料封填。

（5）管线敷设

水、电管线的暗敷工作，必须待墙体砌筑完成 7 天后方可进行。开槽时，应使用专用工具，严禁锤斧剔凿。砌块墙体开槽埋设暗管时，水平开槽总深度不得超过墙厚的 1/4，竖向开槽总深度不得超过墙厚的 1/3，不得破坏整块加气块。应避免交叉双面开槽。在开好的槽中埋好管线后应清理干净，再用加气混凝土专用砂浆填实，管线的埋设应在抹灰前完成。

（6）热桥处理

在对加气混凝土的热桥部位做好保温措施的过程中，构造节能的设计尤为重要，一般根据外保温材料选取的厚度，在梁、柱和剪力墙等部位内缩相应的尺寸（即加气混凝土砌块外凸出钢筋混凝土构件），内缩部分用设计选用的保温材料做外保温处理，从而保证自保温体系的整个外墙外表面达到平整的要求。

不管采取何种保温方式，对热桥部位进行设计和施工时，都要特别注意热桥部分和主体部分间不同材料的性能（收缩、粘结、强度等）差异，必须对与框架结构梁、柱和剪力墙部分连接部位的构造节点进行优化设计，并且要采取适宜的连接措施，从而保持连接部位的整体性和安全耐久性。

（7）配套砂浆

《蒸压加气混凝土用砌筑砂浆和抹灰砂浆》JC 890—2001 颁布以来，国内研制和应用蒸压加气混凝土砌块专用砂浆，不但和易性好、粘结强度高、抗裂性强，且施工方便，加快了加气混凝土在节能建筑上的应用。

（8）灰缝影响

在加气混凝土墙体中，一般砂浆砌筑灰缝不大于 15mm，其表观密度为 1600～1800kg/m³，导热系数为 0.8～1.0W/(m·K)，与加气混凝土砌块的导热系数差距较大，致使整个外墙砌体存在"冷桥"现象，所以，由砌筑灰缝引起的砌体能量损失可达到 25％左右。

目前国内加气混凝土砌块砌筑灰缝宽度大多为 10～15mm，此灰缝对导热系数的影响很大，修正系数取值为 1.25 左右；假如灰缝宽在 3mm 左右时，灰缝对导热系数的影响就很小，修正系数接近于 1。

（9）抹灰厚度

加气混凝土自保温砌体中应采用专用抹灰砂浆，在外墙先抹专用界面砂浆 3～5mm，后抹专用抹面砂浆 5～10mm 来找平，既经济合理，又满足设计和施工要求。

（10）注意事项

1）合理构造措施对防止填充墙产生裂缝有较好的效果，故拉结筋、构造柱、圈梁、窗台及门窗安装构造应符合国家和地方颁布的技术规程和构造图集要求。

2）当热桥用聚合物粘结砂浆粘贴聚苯板时，必须用锚固钉进行适当固定。外墙表面不同材料交接处，应采用聚合物砂浆加玻纤网格布加强层，两边与基体搭接宽度均应不小于 150mm，以保证热桥部位的处理效果。

3）在墙体局部易磕碰的部位，如首层外墙、阳角、门窗洞口等部位应予以加强保护，增强防护措施。

4）夏热冬冷地区夏季最高温度可达 42℃，而冬季的最低温度为−5℃，冬季和夏季的季节温差超过 47℃，由季节温差产生的应力也可能使填充墙产生裂缝。由于外界温度变化无法控制，因此，应尽量避免高温季节砌筑填充墙。

5）禁用出釜龄期不足 28d 的蒸压加气混凝土砌块，不得使用破裂、不规整或表面被油污污染的砌块；砌块堆放时应平整、避免雨淋，上墙时含水率应合乎标准和技术规程要求。

6）严禁蒸压加气混凝土砌块与其他材质的砖或砌块混砌，不同体积密度等级和强度等级的砌块不应混砌。

加气混凝土性能优异，是一种既具保温隔热性能又可作为墙体的外墙自保温材料。要特别注意分析墙体常用构造及热桥处理、配套砂浆、施工等。框架或剪力墙结构的热桥部位对节能的影响较大，应用加气混凝土自保温体系时，不可忽视外墙热工计算、热桥保温处理及其构造等具体问题。砌筑和抹灰砂浆是加气混凝土自保温系统中重要的组成部分，其中砌体砌筑灰缝宽度、砂浆密度等级和抹灰厚度等都对外墙整体性能有影响。

项 目 小 结

本项目介绍了保温材料的概念，重点讲述常用外墙保温节能施工的内容与具体要求。通过本项目的学习，学习者能熟悉保温材料概念，掌握不同外墙施工方法的特点和相应的技术手段。

思 考 题

1. 什么叫保温材料？
2. 聚苯乙烯保温技术的应用有哪些局限？
3. 聚氨酯保温技术有哪些施工方法，各有什么特点？
4. 加气混凝土自保温系统，热桥部位一般如何处理？

项目6 建筑节能与玻璃

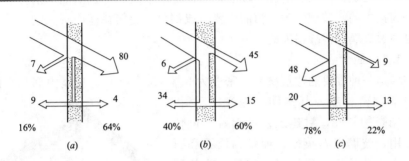

几种玻璃的透过特性

(a)普通玻璃；(b)吸热玻璃；(c)反射玻璃

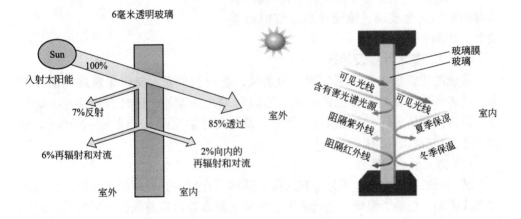

项 目 概 要

本项目共分为6节内容，依次介绍了玻璃概况、玻璃与建筑节能、玻璃的能耗评价、节能玻璃技术、建筑节能玻璃的未来发展方向以及夏热冬冷地区节能玻璃选择等内容。重点阐述了各种节能玻璃的技术特点和应用，并结合夏热冬冷地区的气候特征，分析了节能玻璃的选择过程。

6.1　玻　璃　概　况

建筑外窗不仅是建筑的"眼睛"，更是建筑的"五官"。外窗既是薄壁的轻质构件，也是建筑保温隔热的薄弱环节，居住建筑采暖和空调的能源消耗有一半是经过外窗损失的。玻璃作为外窗的主要组成部分，建筑耗能中有大约三分之一的能量是通过玻璃的传导损失的。

6.1.1　简介

玻璃是一种重要的建筑材料，密度为 $2.5\sim2.6g/cm^3$，玻璃内部几乎没有孔隙，属于致密材料。其透明、透光、反射、多彩、光亮的特性，对建筑艺术起着不可估量的作用。玻璃以石英砂、纯碱、长石和石灰石等为主要原料，经熔融、成型、冷却固化而成的非结晶无机材料。

图 6-1　玻璃

平板玻璃分为透明窗玻璃、不透明玻璃、装饰玻璃、安全玻璃、镜面玻璃、节能型玻璃等。如图 6-1 所示。

6.1.2　基本性质及用途

传统的建筑玻璃有三项功能，即遮风、避雨和采光。现代建筑玻璃品种繁多，功能各异。除具有传统的遮风、避雨和采光性能外，还具有光学性、隔热性、隔声性、防火性、电磁波屏蔽性等。玻璃的光学性质为光线入射玻璃时，可产生透射、吸收、反射。

（1）透光性与透明性

玻璃通常是透明的，采光是它的传统基本属性之一。玻璃的透光性可使室内的光线柔和、恬静、温暖，现代建筑正在越来越多地运用玻璃的这一特性。玻璃的透光性往往被误认为是透明性，实际上玻璃的透光性与透明性是两个概念，透光不一定透明，如图 6-2 所示。

生产只透光而不透明的玻璃必须采取特殊的生产工艺，如压延法、磨砂法等。

（2）反光性（如图 6-3）

图 6-2　玻璃透光不透明的应用

图 6-3　玻璃反射率过高导致的光污染

建筑上大量应用玻璃的反射性始于热反射镀膜玻璃。热反射镀膜玻璃可有效降低玻璃的热传导能力，提高建筑节能效果。热反射玻璃有各种颜色，如茶色、银白色、银灰色、绿色、蓝色、金色、黄色等，其反射率为10％～50％，比普通玻璃高，热反射玻璃是半透明玻璃。

目前热反射玻璃大量应用于建筑，特别是幕墙，使得一幢幢大厦色彩斑斓，较高的反射率将对面的街景反射到建筑物上，景中有景。但反射率过高，不仅破坏建筑的美与和谐，还会造成"光污染"，因此，不可盲目地追求高反射率。

6.1.3　建筑玻璃

（1）装饰玻璃

装饰玻璃具体包括：彩色平板玻璃、釉面玻璃、压花玻璃、喷花玻璃、乳花玻璃、刻花玻璃、冰花玻璃、磨（喷）砂玻璃。近年来，出现了视飘玻璃、镭射玻璃、幻彩装饰玻璃等新型装饰玻璃，如图6-4所示。

（2）安全玻璃

安全玻璃是指与普通玻璃相比，具有力学强度高、抗冲击能力强的玻璃。房屋建筑装修的下列部位必须使用安全玻璃，如顶棚（含天窗、采光顶）、吊顶、楼梯、阳台、平台走廊、卫生间的淋浴隔断、浴缸隔断以及浴室门等。

安全玻璃被击碎时，其碎片不会伤人，并兼具有防盗、防火的功能。安全玻璃具有一定的装饰效果。其主要品种有钢化玻璃、夹丝玻璃、夹层玻璃和钛化玻璃。夹层玻璃价格比较高，一般5mm厚的夹层玻璃价格在每平方米130元；而钢化玻璃相对便宜，同样厚度为5mm，其价格仅在50元/m³。

（3）钢化玻璃（如图6-5所示）

图6-4　冰花玻璃的视觉感

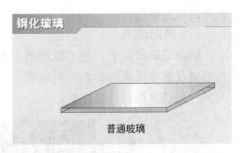

图6-5　普通玻璃加工为钢化玻璃

钢化玻璃又称强化玻璃。破碎时，整块玻璃破碎成小颗粒，不易伤人。钢化玻璃具有强度高、抗冲击强度高、弹性大、热稳定性好、耐热冲击等性能特点，常用作建筑物的门窗、隔墙、幕墙及橱窗、家具等，曲面玻璃常用于汽车、火车及飞机等。

钢化玻璃不能切割、磨削，边角不能碰击挤压，需按现成的尺寸规格选用或提出具体设计图纸进行加工定制。大面积玻璃幕墙的玻璃在钢化上要予以控制，选择半钢化玻璃，其应力不能过大，以避免受风荷载引起震动而自爆。

（4）夹丝玻璃（如图 6-6 所示）

夹丝玻璃又称防碎玻璃或钢丝玻璃，由压延法生产。玻璃熔融状态时将经预处理的钢丝或钢丝网压入玻璃中间，经退火、切割而成。夹丝玻璃表面可以是压花的或磨光的，颜色有无色透明或彩色，具有安全性和防火性好等性能特点。

（5）夹层玻璃

夹层玻璃是在两片或多片玻璃原片之间，用 PVB（聚乙烯醇丁醛）树脂，经加热、加压粘合而成的平面或曲面的玻璃制品。PVB 胶片的粘合，玻璃即使破碎，碎片也不会飞扬伤人。

夹层玻璃透明性好，抗冲击性能要比一般平板玻璃高好几倍。玻璃复合可制成防弹玻璃。夹层玻璃的层数有 2、3、5、7 层，最多可达 9 层，如图 6-7 所示。

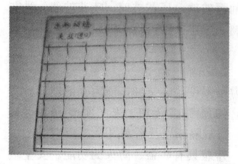

图 6-6 夹丝玻璃

图 6-7 夹层防弹玻璃

（6）钛化玻璃

钛化玻璃也称永不碎铁甲箔膜玻璃，是将钛金箔膜紧贴在玻璃基材之上，使之结合成一体。钛化玻璃具有高抗碎能力，高防热及防紫外线等功能，如图 6-8 所示。不同的基材玻璃与不同的钛金箔膜，可组合成不同色泽、不同性能、不同规格的钛化玻璃。

（7）镜面玻璃

镜面玻璃即镜子，指平板玻璃表面通过化学（银镜反应）或物理（真空铝）等方法形成反射率极强的镜面反射玻璃，如图 6-9 所示。主要功能是影像清晰、逼真，又具一定抗蒸汽和抗雾性能。

图 6-8 钛化玻璃的高抗碎实验

图 6-9 镜面玻璃

　　高级银镜玻璃采用现代先进制镜技术，选择特级浮法玻璃为原片，经敏化、镀银、镀铜、涂漆等一系列工序制成。其特点是成像纯正、反射率高、色泽还原度好，影像自然，即使在潮湿环境中也经久耐用。

　　（8）玻璃锦砖（图6-10）

　　玻璃锦砖又称玻璃马赛克，小规格方形彩色饰面玻璃，一般尺寸为（mm）：20mm×20mm、30mm×30mm、40mm×40mm，厚4~6mm，背面有槽纹，有利于与基面粘结。玻璃马赛克成联、粘结及施工均与陶瓷锦砖基本相同。

　　（9）玻璃砖

　　玻璃砖是由两块压铸成凹形的玻璃，经熔结或胶结而成的正方形玻璃砖块。具有透光而不透视的特点，分为空心和实心两类，空心玻璃砖又有单腔和双腔两种。空心玻璃砖中间会有一个空气腔，若在两个凹形半砖之间夹一层玻璃纤维网，可形成两个空气砖，具有更高的绝缘热性能。玻璃砖的透光率为40%~80%。如图6-11所示。

图6-10　钛化玻璃的高抗碎实验

图6-11　玻璃砖透光不透视

　　玻璃砖主要用作建筑物的透光墙体。玻璃砖膨胀系数与烧结黏土砖和混凝土膨胀系数不同，砌筑时在玻璃砖与混凝土或黏土砖连接处应加弹性衬垫，起缓冲作用。砌筑玻璃砖可采用水泥砂浆，还可用钢筋作加筋材料埋入水泥砂浆砌缝内。应注意玻璃空心砖不能切割。

6.2　玻璃与建筑节能

6.2.1　玻璃与建筑能耗

　　玻璃是降低建筑能耗的关键，而窗户是建筑外围护结构的开口部位，是人与自然沟通的渠道，是实现建筑功能极其重要的部件。窗户是薄壁轻质构件，是建筑保温、隔热、隔声的最薄弱环节。窗户不仅具有其他围护结构所共有的温差传热功能，还具有通过窗户缝隙的空气渗透传热和透过玻璃的太阳辐射传热功能。我国大多数建筑外窗保温、隔热性能差，密封不良，阻隔太阳辐射能力弱。窗户面积一般只占建筑外围护结构面积的 1/3～1/5，但通过窗户散失的采暖和制冷能量，占到整个建筑围护结构能耗的一半以上，窗户是建筑节能的关键部位。作为对窗户能量得失起主导作用的窗玻璃随即发展成为建筑节能玻璃，如图 6-12 所示为太阳光透过单层玻璃的能量分布。

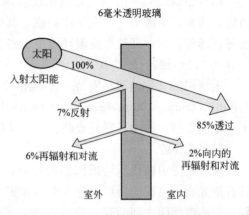

图 6-12　太阳光透过单层玻璃的能量分布

6.2.2　我国建筑节能玻璃市场发展分析

我国正处于建筑业发展的鼎盛时期，每年新增建筑面积高达 18～20 亿平方米，是世界上最大的建筑市场，在建筑节能呼声四起的时代，节能玻璃尤其重要。但是节能玻璃在我国的市场普及率非常低，仅仅为发达国家的 1/10。我国的 Low-E 节能中空玻璃在建筑中的使用率也不足 10%，欧美等发达国家的节能玻璃的普及率则高达 85% 以上。

（1）巨大建筑市场带动建筑节能玻璃的市场发展

目前，我国建筑住宅面积为 400 亿平方米，每年新建房屋建筑面积近 20 亿平方米，到 2020 年，还将建成约 300 亿平方米的房屋，建筑门窗至少需要玻璃 100 亿平方米，如果其中 30% 的玻璃使用节能玻璃，将需要节能玻璃 30 亿平方米，按照目前市场平均 150 元/m² 的价格，折合为 4500 亿节能玻璃市场容量。目前，我国建筑节能玻璃的主要消费中公用建筑约占 80% 以上，随着人们生活水平的不断提高和节能意识的增强，民用住宅对节能玻璃的需求将越来越旺盛。

（2）玻璃深加工制品功能化和复合型趋势必然带动建筑节能玻璃的发展

当今世界玻璃深加工制品不再拘泥于原先的单片形式用于建筑，而是以夹层玻璃、中空玻璃、夹层中空玻璃、三层中空玻璃等多种形式来使用，就国外建筑来说，很少能见到镀膜玻璃直接用于建筑的例子，其主要原因是镀膜玻璃均作为夹层玻璃和中空玻璃的基片而不是单独使用。目前，一些豪华馆所开始使用安全、节能、环保的功能型和复合型的玻璃，如图 6-13 所示。

（3）高档门窗的普及必然带动建筑节能玻璃发展

我国门窗使用经历了木门窗、铁门窗、铝合金门窗，正在向塑钢门窗方面发展，塑钢门窗和玻璃钢门窗不仅美观耐用，而且在节能方面也远远优于木窗、铁窗和铝合金门窗，如果这些节能门窗配上非节能玻璃那将是一场巨大的能源浪费，因此随着塑钢门窗的普及以及第五代玻璃钢门窗的开发生产，人类对节能玻璃的需求也将越来越大。

图 6-13   节能玻璃在豪华酒店中的应用

6.3   玻璃的能耗评价

6.3.1   太阳辐射与自然界能量

自然环境中的最大热能是太阳辐射能，其中可见光的能量仅占约 1/3，其余 2/3 主要是辐射热能；自然界另一种热能形式是远红外热辐射能，其能量分布在 4～50um 波长之间。如图 6-14 所示。

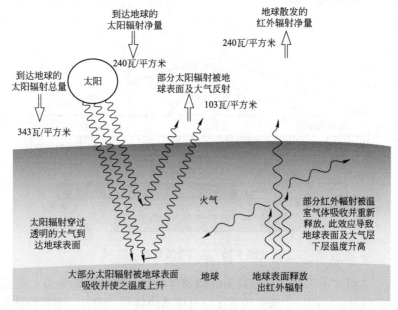

图 6-14   太阳光光照地球的途径

太阳光谱由紫外线、可见光、近红外线、中远红外线组成。可见光（0.38～0.78）μm 约占太阳能总容量的 43％，而对于室内电力照明电光源能量中可见光仅占 4％。太阳光中的热线包括近红外线和中远红外线（0.78～2.5）μm，约占太阳光总能量的 41％，其中，大部分集中在近红外线波段，如图 6-15 所示。

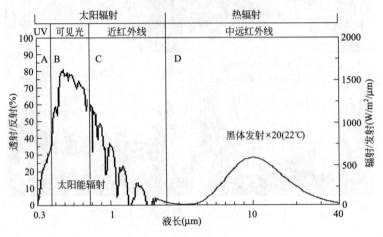

图 6-15　太阳光谱组成分布图

紫外线（0.3～0.38）μm 约占太阳能总量 13％，紫外线使室内家具、书籍等有机物氧化褪色变旧老化，太阳光谱中可透过的紫外线集中在 UV-A，不具备消毒功能，应该尽量屏蔽。

6.3.2　远红外线热能（如图 6-16 所示）

太阳光谱中存在远红外线，其能量只占太阳光辐射的很小一部分。自然界中，任何物体都向外发射远红外线，辐射热量。远红外线在建筑节能中占据极为重要的地位，具有全局性。

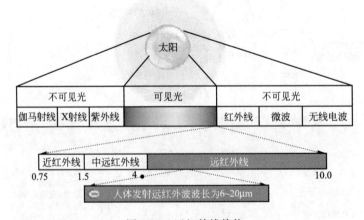

图 6-16　远红外线热能

夏季，大量太阳光线被室外高温的侧物体吸收，温度急剧升高，高温物体大量辐射的远红外线，超过太阳光线直接穿过玻璃的能量，因此，室外物体远红外线成为建筑的主要能耗，此远红外线是应避免的主要能源射线。冬季，高温室内侧，室内暖气、家用电器、阳光照射后的家具及人体散失能量 95％以上为远红外线，此远红外线成为冬季来自室内的主要热源。这部分能源如果散失到室外，将带来巨大的能源消耗，因此，冬季应该让太阳光线中大部分能量即近红外线进入室内取暖。

6.3.3 普通白玻璃吸收光谱（如图 6-17 所示）

太阳光线通过普通白玻时，大部分的紫外线、可见光和近红外线可透过，中远红外线大部分被吸收，其中一部分又以传导和热辐射的形式进入室内，反射的光线中只有少部分中远红外线和极少的紫外线、可见光和近红外线。因此，太阳能量通过普通玻璃时，无论紫外线、可见光还是近、中远红外线，绝大部分都能自由透过玻璃。夏季，太阳光线能量和室外红外线进入室内成为制冷能耗的负担；冬季，尽管太阳光线可进入室内，但能量更大部分的室内红外线则大量通过玻璃流失到室外，造成采暖损失。

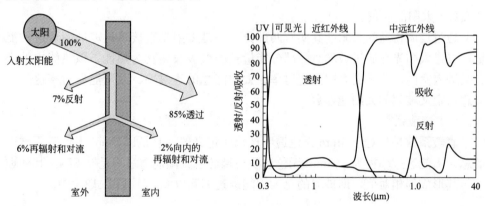

图 6-17 太阳光透过普通玻璃的能量分布属性

6.3.4 玻璃节能改造

在建筑的外窗、墙体、屋面三大围护结构中，外窗的热工性能最差，是影响室内热环境质量和建筑能耗的最主要因素之一。加强外窗的保温隔热性能，减少窗的热量损失，尤其是改善玻璃的热工性能，是改善室内热环境质量和提高建筑节能水平的重要环节。在能量传递中，玻璃能耗损失主要包括两个途径：一是通过热传导和对流损耗，二是通过辐射散失。

为改善玻璃热工性质，增加玻璃节能性，可对普通白玻璃进行节能改造。热能透过玻璃的传递可归结为两个途径：太阳辐射直接透过传热、对流传导传热。透过每平方米玻璃传递的总热功率 Q 可由公式（6-1）表示：

$$Q = 630 \times Sc + U(T_内 - T_外) \tag{6-1}$$

式中　630——透过 3mm 透明玻璃的太阳能强度；

　　　$T_内 - T_外$——玻璃两侧的空气温度；

　　　Sc——玻璃的遮阳系数（0～1），反映玻璃对太阳直接辐射的遮蔽效果；

　　　U——玻璃的传热系数，反映玻璃传导热量的能力。

　　注：Sc 和 U 是玻璃自身的固有参数。

玻璃节能改造应紧密结合其能耗途径进行，主要方法有：

1) 提高传递热阻,阻断高温向低温的传导和对流传递路径;

2) 反射太阳能量集中光线。

不同地域,在选取节能措施时,应根据气候类型具体进行玻璃节能改造。北方寒冷地区以控制热传导为主,南方热带地区以控制太阳能进入室内减少空调负荷为主。

6.3.5 玻璃节能技术指标

自然界中热量的传递通常有三种形式:对流、辐射和传导。衡量通过玻璃进行能量传播的参数有传热系数即 K 值、太阳能参数、遮蔽系数、相对热增益等。

(1) 传热系数

传热系数 K 值是玻璃传导热、对流热和辐射热的函数,它是三种热传导方式的综合体现。玻璃的 K 值越大,它的隔热能力就越差,通过玻璃的能量损失就越多。

(2) 太阳能参数

透过玻璃传递的太阳能其实有两部分,一是太阳光直接透过玻璃而通过的能量;二是太阳光在通过玻璃时一部分能量被玻璃吸收转化为热能,该热能中的部分又进入室内。通常由太阳光透射率、太阳能总的透过率、太阳能反射率这三个概念来定义玻璃的太阳能参数。

(3) 遮蔽系数

遮蔽系数是相对于 3mm 无色透明玻璃而定义的,它是以 3mm 无色透明玻璃的总太阳能透过率视为 1(3mm 无色透明玻璃的总太阳能透过率是 0.87),其他玻璃与其形成的相对值,即玻璃的总太阳能透过率除以 0.87,见公式(6-2)。

$$Sc = \frac{g}{0.87} \tag{6-2}$$

遮蔽系数越小,通过的太阳能就越低,夏季节能效果越好(此时注意采光的影响程度),而在冬季则应尽量提高太阳能遮蔽系数,尽量发挥太阳光线在采暖中的作用。实际工程中可以采用活动遮阳板来实现冬季和夏季的遮蔽系数的转换。

(4) 相对热增益

相对热增益用于反映玻璃综合节能的技术参数,相对热增益越大,说明在夏季外界进入室内的热量越多,玻璃的节能效果越差。影响相对热增益的主要因素是玻璃对太阳能的控制能力即遮蔽系数和玻璃的隔热能力。相对热增益适合于衡量低纬度且日照时间较长地区向阳面玻璃的使用情况,因为该指标是在室外温度高于室内温度时外流流向室内且太阳能也同时进入室内的情况下给定的。

6.4 节能玻璃技术

6.4.1 中空玻璃

(1) 简介

中空玻璃又称密封隔热玻璃,它是由两片或多片性质与厚度相同或不相同的平板玻璃，切割成预定尺寸，中间夹充填干燥剂的金属隔离框，用胶粘接压合（如图 6-18 所示）后，四周边部再用胶接、焊接或熔接的办法密封，所制成的玻璃构件。

（2）原理和适用范围

中空玻璃腹腔内的空气层是等压密封的，不产生对流传热。热量在中空层间的传递通过两种方式进行（如图 6-19 所示）：

1）以空气为介质的热传导。

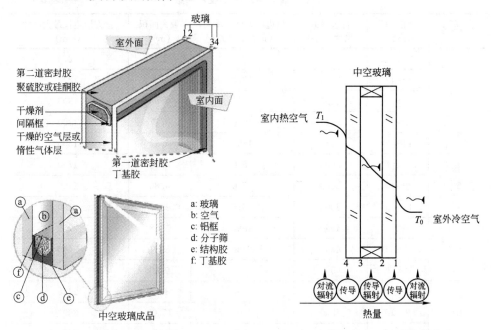

图 6-18   中空玻璃结构   图 6-19   热量在中空玻璃的传递过程

2）平行玻璃板间的长波热辐射，热辐射比一层玻璃要低。

中空玻璃因其玻璃层间形成有干燥气体空间的制品，其中干燥、不对流气体层阻断热传导和对流传热通道，从而大大降低其传热系数，达到节能目的。但在中空玻璃的传热过程中，辐射传热也占据重要位置，有相当一部分远红外线通过中空玻璃传递（一部分直接穿透，一部分被中空玻璃吸收后再辐射），辐射传热的难易程度受到玻璃表面的辐射率的强烈影响。

因此，普通中空玻璃适用于冬季采暖区域，冬季室内热量很难通过热传导进行传递，中空玻璃保证冬季太阳光自由传入室内进行采暖，最大限度实现采暖效益。中空玻璃用在夏季制冷，效果不明显甚至有副作用，一方面太阳光线和室外红外热线源源不断通过辐射穿透到室内，另一方面，室内热量被物体吸收后，只能有小部分通过远红外线散失到室外，由于室内物体温度远低于室外高温物体，室内热增益不断增大，而室内热量很难通过中空玻璃传导到室外，形成温室效应，室内冷负荷不断增加。

除严寒和寒冷地区外，夏热冬冷地区和炎热地区采用中空玻璃时，必须进一步对中空玻璃进行节能改造。

（3）分类

中空玻璃的品种，按层数分，包括 2 层、3 层和多层数种；按所使用的玻璃原片种类分，除普通浮法玻璃外，还有夹层、钢化、镀膜、压花玻璃等；按颜色分类，有无色、茶色、蓝色、灰色、紫色、金色、银色及复合式多种；按隔离框厚度分，又包括 6mm、9mm、12mm、16mm 等；按使用玻璃原片的厚度可包括 3～18mm 数种。规格及主要技术参数见表 6-1。

中空玻璃规格及主要技术参数 表 6-1

玻璃厚度	间隔厚度 （mm）	长边最大 尺寸（mm）	短边最大尺寸（mm） （正方形除外）	最大面积 （m²）	正方形边长最大尺寸 （mm）
3	6	2110	1270	2.4	1270
	9～12	2110	1270	2.4	1270
4	6	2420	1300	2.86	1300
	9～10	2440	1300	3.17	1300
	12～20	2440	1300	3.17	1300
5	6	3000	1500	4.00	1750
	9～10	3000	1750	4.80	2100
	12～20	3000	1815	5.10	2100
6	6	4550	1980	5.88	2000
	12～20	4550	2280	8.54	2440
	12～20	4550	2440	9.00	2440
10	6	4270	2000	8.54	2440
	9～10	5000	3000	15.00	3000
	12～20	5000	3180	15.90	3250
12	12～20	5000	3180	15.90	3250

（4）应用实例

商宇·清怡花苑是杭州市惟一一家被列入国家建设部建筑节能试点示范工程的住宅小区，2003 年曾荣获浙江人居经典大奖，如图 6-20 所示。该项目最大的

图 6-20 商宇·清怡花苑内部

特点是节能技术的运用，其外墙外保温利用聚苯颗粒保温浆料系统，砌块填充外墙为硅酸盐砌块，屋面保温采用挤塑聚苯乙烯泡沫塑料板，外窗采用中空玻璃窗、中空镀膜充惰性气体的塑料窗。其中，双层中空玻璃门窗因采光通风等功能的要求，商宇·清怡花苑采用的是塑钢双层中空钢化玻璃窗和铝合金断冷热桥双层中空钢化玻璃窗，在东西朝向采用镀膜的玻璃，即 Low-E 玻璃，如图 6-21 所示。商宇·清怡花苑窗的热工指标远好于节能设计要求指标，气密性达到四、五级(一般节能要求气密性是三级)，四级窗减少窗能耗损失 60％，五级窗可减少该项能耗达 80％之多。此项目中，中空玻璃节能效果显著。

6.4.2　低辐射镀膜玻璃(Low-E)(如图 6-21 所示)

(1) 简介

在 20 世纪 70 年代中期，人们发现双层玻璃窗热传递的大部分，是从一层玻璃向另一层玻璃的红外辐射交换产生的，只要减小双层玻璃中任何一个表面的发射率，就能大大减少辐射热的传递。Low-E 玻璃随之诞生，即 Low Emissivity Glass 的简称，称为低辐射玻璃。

Low-E 玻璃色卡

图 6-21　单银 Low-E 玻璃和色卡

低辐射镀膜玻璃又称低辐射玻璃、"低辐射镀膜"玻璃，是一种对波长范围 4.5～25nm 的远红外线有较高反射比的镀膜玻璃，其表面辐射率低，可见光透过率适中。低辐射镀膜玻璃可复合一定的阳光控制功能，成为阳光控制低辐射玻璃。

(2) 原理和特性(见表 6-2)。

Low-E 玻璃技术性质　　　　　　　　表 6-2

	紫外线	低透射
对太阳辐射	可见光	高透射，低反射
	近红外线	高透射，低反射
	远红外线	高反射，低透射，低吸收
对长波热辐射		高反射，低透射，低吸收
传热系数 K 值(中空结构)		低

Low-E 玻璃是在普通白玻璃表面镀上多层金属或其他化合物组成的膜系产品，从而改善玻璃的热工性能。Low-E 玻璃使可见光和近红外线透过，能较强地阻止远红外和紫外线透射，保护室内的温度和防止室内陈设物品老化、褪色等现象。Low-E 玻璃具有优异的使用特性及较高的舒适度。由于镀膜的效果，冬季，Low-E 玻璃可将热量反射到室内，使得窗玻璃附近的温度较高，人在窗玻璃附近也不会感到不适，如图 6-22 所示。

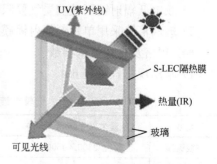

UV(紫外线)

S-LEC隔热膜

热量(IR)

玻璃

可见光线

图 6-22　Low-E 玻璃的传热

应用Low-E窗玻璃的建筑，其室内整体温度相对较高，在冬季可以保持相对高的室内温度而不结霜，人在室内会感到舒适。其次，Low-E玻璃具有优异的热性能。普通中空玻璃内表面的传热以辐射为主，占58%，这意味着要从改变玻璃的性能才能减少热能的损失，而最有效的方法是抑制其内表面的辐射。普通浮法玻璃的辐射率高达0.84，当镀上一层以银为基础的低辐射薄膜后，其辐射率可降至0.1以下。

Low-E玻璃具有良好的光学性能。其对太阳光中可见光有较高的透射比，可达80%，充分保证室内环境采光需求。

（3）特点和适用范围

低辐射镀膜玻璃按生产工艺分为离线低辐射镀膜玻璃和在线低辐射镀膜玻璃。其中，离线低辐射镀膜玻璃按照所镀膜层的不同分为单银高透型、单银遮阳型及双银低辐射镀膜玻璃等。各工艺的低辐射玻璃具体特点可见表6-3。

各工艺低辐射镀膜玻璃特点 表6-3

低辐射玻璃品种		特点
在线低辐射镀膜玻璃		在线工艺生产的低辐射镀膜玻璃可以热弯、钢化，不必在中空复合状态下使用，可单独使用并长期储存及运输
离线低辐射镀膜玻璃		离线工艺的低辐射镀膜玻璃必须复合成中空玻璃或夹层玻璃使用，在未进行复合或夹层前也不宜长期存储和运输
离线低辐射镀膜玻璃	单银高透型*	较高的可见光透射率；较高近红外线透过率；极高中远红外线反射率，优良隔热性能和较低U值。适合寒冷地区
	单银遮阳型	适宜可见光透过率，对强光具有遮蔽性；较低近红外线透过率，有效阻止太阳热辐射进入室内；极高中远红外线反射率，限制室外物体二次热辐射进入室内。适用于炎热地区，合成中空玻璃使用，节能效果更加明显
	双银**	具有较高的透光率和极低的太阳能透过率，将玻璃的高透光性与太阳热辐射的低透过性巧妙地结合在一起，其综合节能效果高于普通低辐射镀膜玻璃。其适用范围不受地区限制
备注		* 高透型指有较高可见光率 ** 双银指有较高的可见光透过率和极低的长波透过率

Low-E玻璃设计选用时需要注意的事项：

1）北方严寒地区，宜采用单银高透型低辐射镀膜玻璃，其遮阳系数S_C应当尽量取大值，以保证冬季的日照；

2）夏热冬冷地区，应选用遮阳型低辐射镀膜玻璃；

3）夏热冬暖地区，以选择遮阳系数S_C较小的玻璃为宜；

4）双银低辐射镀膜玻璃受气候限制较小，可适用于我国大部分地区；

5）玻璃幕墙采用单片低辐射镀膜玻璃时，应使用在线喷涂低辐射镀膜玻璃。

（4）规格及主要技术参数

1）常用规格，见表6-4。

低辐射镀膜玻璃常用规格 表6-4

类型	最大尺寸（mm×mm）	最小尺寸（mm×mm）	厚度（mm）
在线镀膜	3300×4500	300×800	3～12
离线镀膜	2540×4200	300×700	3～12

2）技术参数

低辐射玻璃的光学性能应当满足《玻璃幕墙光学性能》GB/T 18091—2000 对其光学性能参数的限定。表 6-5 则列出了单片镀膜玻璃（在线镀膜）技术参数。

低辐射镀膜玻璃光学性能参数限定（GB/T 18091—2000）　　表 6-5

玻璃种类		可见光		太阳能总透射率	遮阳系数 Sc
		透射率	反射率		
低辐射镀膜玻璃	无色透明	≥0.70	≤0.07～0.18	0.48～077	0.56～0.81
	浅灰色	≥0.56	≤0.11	0.44～0.68	≤0.51
	浅蓝色	≥0.50	≤0.23	0.40～0.49	≤0.57
	绿色	≥0.30	≤0.30	0.28～0.40	0.31～0.44
	蓝绿色	≥0.40	≤0.30	0.30～0.35	0.34～0.40

6.4.3　真空玻璃

（1）玻璃简介

在两块平面玻璃之间，造就一个真空层，最大程度消除该层间气体热传导和对流换热，如图 6-23 所示。

（2）原理

原理上可把真空玻璃比喻为平板形保温瓶。

二者相同点是两层玻璃的夹层均为气压低于 10^{-1}Pa 的真空，气体传热可忽略不计；二者内壁都镀有低辐射膜，使辐射传热尽可能小。

（3）组合型真空玻璃及使用范围

与普通真空玻璃相比，组合真空玻璃的遮阳系数都有所下降，降低了太阳辐射向室内传热，而且传热系数降低，大大减少了温差引起的传热，增强了隔热保温效果；通过与钢化玻璃组合成"中空＋真空"结构或制成夹胶玻璃，解决了普通真空玻璃的安全问题，使安全性提高。缺点是组合后整体厚度增大，重量增加，可见光透射比降低。

1）真空夹层玻璃（如图 6-24 所示）

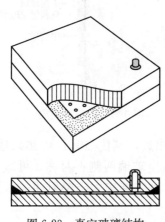

图 6-23　真空玻璃结构

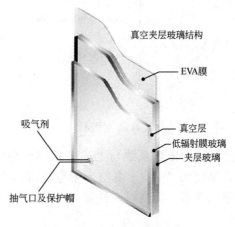

图 6-24　真空夹层玻璃结构

单面夹层结构，也可以做成双面夹层结构，EVA 膜（也称 EN 膜）厚度约为 0.4mm 和 0.7mm 两种。其特点是安全和防盗，同时其传热系数、隔声及抗风压等性能也优于真空玻璃原片，总厚度也比较薄。由于玻璃和夹胶层的热导较大，对热阻贡献较小，因而真空夹层玻璃的传热系数只比真空玻璃略小，但隔声性能会有较大提高。真空玻璃常用结构和最大、最小尺寸见表 6-6。表中真空玻璃结构字母的含义是：N—普通白玻璃或者是阳光控制镀膜玻璃、吸热玻璃、超白玻璃等；L—低辐射镀膜玻璃；T—钢化玻璃；E—EVA 胶膜；V—真空层。

真空玻璃结构尺寸 表 6-6

品种		结构	大尺寸	最小尺寸
中文名称	简称	室内 室外	（mm）	（mm）
真空＋夹层玻璃	FⅠ型	L＋V＋N＋E＋N	2400×1600	200×200
		L＋V＋N＋E＋T	2400×1600	200×200
		N＋E＋L＋V＋N＋E＋N	2400×1600	200×200
		T＋E＋L＋V＋N＋E＋T	2400×1600	200×200

2)"真空＋中空"组合真空玻璃（如图 6-25 所示）

此类组合除解决安全性外，其隔热隔声性能都有提高。主要应用在建筑幕墙及对隔声有特殊要求的工程中。

3)"夹层＋中空"真空结构（如图 6-26 所示）

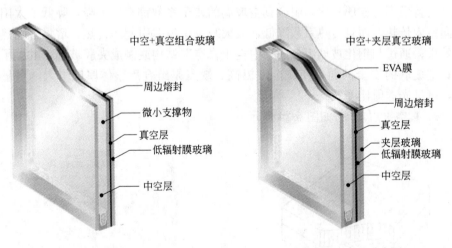

图 6-25 真空＋中空   图 6-26 真空＋夹层

此种结构传热系数与上述"真空＋中空"相近，其优点是：传热系数低、安全，厚度比"中空＋真空＋中空"薄，由于真空玻璃两侧不对称，可减小声音传播的共振，提高隔声性能。"夹层＋中空"真空结构太阳辐射相关参数见表 6-7。

"夹层+中空"真空结构太阳辐射相关参数 表6-7

品种	紫外线（%）		可见光（%）		太阳辐射（%）				Low-E 发射率 ε	K 值 (W·m⁻² K⁻¹)
	透射比 τ_{uv}	反射比 ρ_{uv}	透射比 τ_{vis}	反射比 ρ_{vis}	透射比 τ_e	反射比 ρ_e	遮阳系数 S_e	得热系数 SHGC		
N5+E0.38+N5+ V++A12+N4	13.60	14.24	46.01	13.83	27.35	18.97	58.05	51.61	0.11	0.74
备注	N4—4mm白玻；V—0.15mm真空层；E0.38—0.38mmEVA膜；A12—12mm空气									

4）双真空层真空玻璃（如图6-27所示）

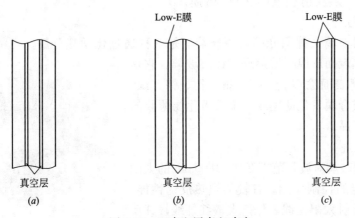

图6-27 双真空层真空玻璃

（a）三片白玻组成的双真空层玻璃；（b）两片白玻与一片镀膜玻璃组成的双
真空层玻璃；（c）一片白玻与两片镀膜组成的双真空层玻璃

双真空层玻璃按镀膜玻璃数量的不同有 A、B、C、三种基本结构。若采用三片镀膜玻璃，可见光的透过率太低，而且对 K 值的贡献与增加的成本不成比例，故不采用。

双真空层真空玻璃适用于建筑门窗、幕墙和有隔热、保温、隔声、防结露等特殊要求的建筑。

（4）规格及技术参数

真空玻璃主要参数见表6-8。

真空玻璃主要技术参数 表6-8

项目	技术要求	试验方法
厚度偏差	6.2	参考 JC/T 1079—2008—7.1
尺寸及其允许偏差	6.3	参考 JC/T 1079—2008—7.2
边部加工	6.4	参考 JC/T 1079—2008—7.3
封帽	6.5	参考 JC/T 1079—2008—7.4
支撑物	6.6	参考 JC/T 1079—2008—7.5
外观质量	6.7	参考 JC/T 1079—2008—7.6
封边质量 7.7	6.8	参考 JC/T 1079—2008—7.7
弯曲度	6.9	参考 JC/T 1079—2008—7.8

续表

项目	技术要求	试验方法
真空玻璃保温性能	6.10	参考 JC/T 1079—2008—7.9
耐辐照性	6.11	参考 JC/T 1079—2008—7.10
气候循环耐久性	6.12	参考 JC/T 1079—2008—7.11
高温高湿耐久性	6.13	参考 JC/T 1079—2008—7.12
隔音性能	6.14	参考 JC/T 1079—2008—7.13

6.4.4 热反射玻璃（如图 6-28 所示）

（1）简介

热反射玻璃又称阳光控制膜玻璃，是一种通过化学热分解、真空镀膜等技术，在玻璃表面形成一层热反射镀层玻璃。它是一种在玻璃表面涂以金、银、铜、铝、铬、镍、铁等金属或金属氧化薄膜或非金属氧化物薄膜的复合玻璃产品。

图 6-28 不同颜色的热反射镀膜玻璃

（2）原理

热反射玻璃对波长范围 350～1800mm 的太阳光具有一定的控制作用。有较强烈热反射性能，可有效地反射太阳光线，包括大量红外线，其反射率可达 30%～40%，甚至可高达 50%～60%。因此，日照时，室内的人感到清凉舒适。

（3）分类及适用范围

热反射玻璃与吸热玻璃的区分可用公式(6-3)表示：

$$S＝A/B \tag{6-3}$$

式中　A——玻璃整个光通量的吸收系数；

　　　B——玻璃整个光通量的反射系数。

注：若 $S＞1$ 时，则为吸热玻璃。$S＜1$ 时，则为反射玻璃。

热反射玻璃从颜色上分：有灰色、青铜色、茶色、金色、浅蓝色、棕色、古铜色和褐色等。从性能结构上分：有热反射、减反射、中空热反射、夹层热反射玻璃等。

热反射玻璃生产方法主要有热解法、真空法、化学镀膜法等多种。也可采用电浮法、等离子交换法，向玻璃表面层渗入金属离子以置换玻璃表面层原有的离子而形成热反射膜。

适用范围：如用热反射玻璃与透明玻璃组成带空气层的隔热玻璃幕墙、建筑物的门窗，高层建筑幕墙，各种室内艺术装饰玻璃。

（4）选用要点

1）对太阳辐射热有较高的反射能力，普通平板玻璃的辐射热反射率为 7%～8%，热反射玻璃可达 50%左右。

2）具有单向透像的特性。

热反射镀膜玻璃表面金属层极薄使它在迎光面具有镜子的特性，而在背光面则又如窗玻璃那样透明。当人们站在镀膜玻璃幕墙建筑物前，展现在眼前的是一幅连续反映周围景色的画面，却看不到室内的景象，对建筑物内部起遮蔽及帷幕的作用。当进入内部，人们看到的是内部装饰与外部景色，形成一个无限开阔的空间。由于热反射玻璃具有以上两种奇异的特性，所以它为建筑设计的创新和立面设计的灵活性提供了优异条件。

3）使用热反射镀膜玻璃，应防止出现光污染问题。

6.4.5　吸热玻璃（如图 6-29 所示）

（1）简介

吸热玻璃是能吸收大量红外线辐射能并保持较高可见光透过率的平板玻璃。

（2）原理

图 6-29　吸热玻璃

吸热玻璃主要是通过使玻璃着色而具有较高的吸热性能，方法有两种：一是在玻璃的原料中加入一定量的有吸热性能的着色剂；另一种是在平板玻璃表面喷镀一层或多层金属或金属氧化物薄膜而制成。

（3）分类及适用范围

按颜色分有灰色、茶色、蓝色、绿色、古铜色、青铜色、粉红色和金黄色等。按厚度有 2、3、5、6mm 四种。

吸热玻璃在建筑工程中广泛应用。凡既需采光又需隔热之处均可采用。尤其是炎热地区需设置空调、避免眩光的建筑物门窗或外墙体及火车、汽车、轮船风挡玻璃等，起隔热、空调、防眩作用。采用各种颜色的吸热玻璃，不但能合理利用太阳光，调节室内或车船内的温度，节约能源费用，同时，使房间冬暖夏凉，环境优美。

此外，还可以按不同用途进行加工，制成夹层、中空玻璃等制品，装饰节能效果尤为显著。

（4）特点

1）吸收太阳辐射热（如图 6-30 所示）

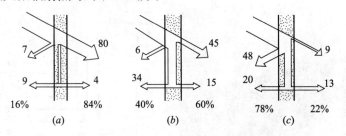

图 6-30　吸热玻璃和反射玻璃的性质对比

（a）普通玻璃；（b）吸热玻璃；（c）反射玻璃

吸热玻璃的颜色和厚度不同，对太阳辐射热的吸收程度也不同。如 6mm 厚的透明浮法玻璃，在太阳光照下总透过热为 84％，而同样条件下吸热玻璃的总透过热量为 60％。

2）吸收太阳可见光

减弱太阳光的强度，起到反眩作用。

3）具有一定的透明度，并能吸收一定的紫外线

吸热玻璃广泛用于门窗、外墙以及用作车、船挡风玻璃等，起到隔热、防眩、采光及装饰等作用。

6.4.6 泡沫玻璃

（1）简介

泡沫玻璃是一种以磨细玻璃粉为主要原料，通过添加发泡剂，经熔融发泡和退火冷却加工处理后，制得的具有均匀孔隙结构的多孔轻质玻璃制品。如图 6-31 所示。

（2）原理

泡沫玻璃是一种以废平板玻璃和瓶罐玻璃为原料，经高温发泡成型的多孔无机非金属材料，具有防火、防水，无毒、耐腐蚀、防蛀，不老化、无放射性、绝缘、防磁波、防静电，机械强度高，与各类泥浆粘结性好等特性。是一种性能稳定的建筑外墙和屋面隔热、隔声、防水材料。

（3）分类及适用范围

泡沫玻璃根据用途可分为隔热泡沫玻璃、吸声泡沫玻璃、装饰泡沫玻璃和粒状泡沫玻璃；根据所用原料，可分为普通泡沫玻璃、石英泡沫玻璃、熔岩泡沫玻璃等；泡沫玻璃有白色、各种不同程度的黄色、棕色及纯黑色等。

在建筑行业，泡沫玻璃可用作建筑物的屋面、围护结构和地面的隔热材料，建筑物墙壁、顶棚的吸声装饰。图 6-32 为泡沫玻璃的保温结构。

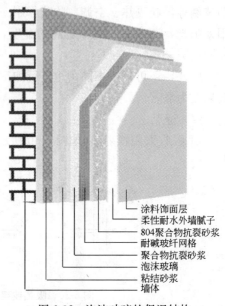

涂料饰面层
柔性耐水外墙腻子
804聚合物抗裂砂浆
耐碱玻纤网格
聚合物抗裂砂浆
泡沫玻璃
粘结砂浆
墙体

图 6-31 泡沫玻璃淋水实验　　　　图 6-32 泡沫玻璃的保温结构

（4）规格及主要技术参数

具体见表6-9、表6-10。

泡沫玻璃产品的技术性能　　　　　　　　　　　　　　　　　　　　表6-9

项目	指标	项目	指标
表观密度（kg/m³）	120～500	膨胀系数/K⁻¹	8
气孔率（%）	80～95	吸声系数（100～250Hz）	0.30～0.34
吸水率（体积）（%）	≤0.2	使用温度范围/℃	−270～＋430
抗压强度（MPa）	平均0.7	燃烧性能	不燃
抗折强度（MPa）	平均0.5	抗腐性能	优
导热系数［W/(m·K)］	0.035～0.14，常温0.052	加工性能	良

部分厂家生产的不同品种泡沫玻璃的技术性能　　　　　　　　　　　表6-10

性能	保冷型泡沫玻璃（低密度闭孔泡沫玻璃）			吸声泡沫玻璃
	耀华玻璃厂	东兰玻璃厂	潜江保温厂	东兰玻璃厂
表观密度（kg/m³）	＜180	150～187	160～190	300～500
抗压强度（MPa）	＞0.7	1.1.～1.4	≥0.5	1.1～1.4
抗折强度（MPa）	＞0.5	0.8～1.0	0.7	
吸水率（%）	＜0.2	0.2	≤0.2	
导热系数［W/(m·K)］	＜0.0549		0.052～0.064	0.16～0.12
膨胀系数/K⁻¹	8.9×10⁻⁸		9×10⁻⁸	
使用温度（℃）	—	−200～500	−200～400	

6.4.7 真空玻璃与中空玻璃的比较（如图6-33）

普通真空玻璃与普通中空玻璃有相似的结构，都是由两块玻璃相间隔组成。真空玻璃与中空玻璃的不同点主要有：

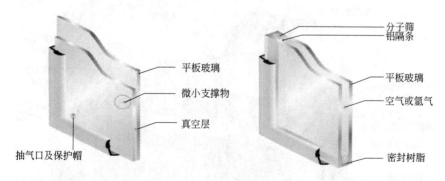

品种	间隙对比(mm)	间隙介质	密封方式	传热系数K	隔声量dB	露点℃
真空玻璃	0.1～0.2	真空	玻璃熔封	0.7～0.9	31～45dB	−22～−51
中空玻璃	6～18	气体	树脂胶粘接	1.8～3.4	24～27dB	4～9

图6-33 真空玻璃和中空玻璃的对比图

1）中空玻璃中间是空气层，而真空玻璃是真空；

2）真空玻璃至少有一片玻璃是Low-E玻璃；

3）由于真空层的特殊结构，玻璃间的间隙只有 0.1～0.2mm，而中空玻璃最薄的有 6mm。

由于特殊构造，真空玻璃具有优异的保温隔热性能，其性能指标明显优于中空玻璃。一片只有 6mm 厚的真空玻璃，隔热性能可相当于 370mm 的实心黏土砖墙，约是中空玻璃隔热性能的 2 倍，使用真空玻璃后空调节能就达 50%。真空玻璃隔声性能很好，相当于四砖墙的水平。与中空玻璃相比，真空玻璃具有更好的防结露、结霜性能，真空玻璃的内层玻璃由于有真空层的隔绝，冬天温度不会降至过低，室内的水蒸气不太容易在玻璃上凝结，并且不会出现中空玻璃可能出现的内结露现象。此外，由于真空层的隔绝，相对于中空玻璃，真空玻璃具有更好的隔绝噪声的能力。真空玻璃除具有良好的隔热、隔声、防露、防雾性能外，还有很好的抗风压性能。真空玻璃中的两片玻璃，通过中间的支撑物牢固地压在一起，具有与同等厚度的单片玻璃相近的刚性。一般来说，真空玻璃的耐风压性能是中空玻璃的 1.5 倍。目前，困扰真空玻璃使用的症结在于成本过高，阻碍了真空玻璃的应用推广。

6.5　建筑节能玻璃的未来发展方向

6.5.1　建筑节能玻璃的生产与工程应用

在国家推行建筑节能标准的影响下和未来节能政策导向的推动，国内玻璃产业结构正在发生着巨大变化。新的功能玻璃也在不断出现，如调光玻璃、调温玻璃、太阳能玻璃、新型节能中空玻璃等，满足了人们日益提高的生活水平需要。图 6-34 为清华大学超低能耗示范楼节能玻璃的具体应用，包括光电玻璃、双层皮幕墙、真空玻璃、中空双玻玻璃幕墙、自洁净玻璃等。

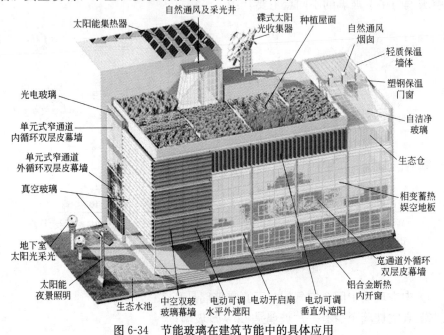

图 6-34　节能玻璃在建筑节能中的具体应用

伴随着中国改革开放的 30 年，国内玻璃制造技术和装备产业取得了令世人瞩目的成就。目前，我国玻璃制造技术和装备产业发展成为具有国际竞争力的优势产业，不但能满足国内玻璃生产制造的需要，还能向国外输出装备和技术，在国际分工中争得有利地位。

玻璃工程应用技术也得到了同步发展，围护结构开口部节能技术已取得实效，如遮阳技术、双层皮幕墙技术、自然通风器和呼吸窗技术等的实际应用。在中国，建筑节能玻璃的应用已成为彰显建筑功能不可或缺的要求。

6.5.2　双层玻璃的节能设计方法

双层玻璃幕墙，如图 6-35 所示。

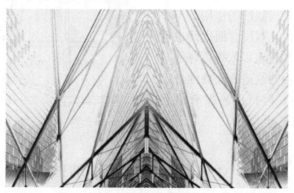

图 6-35　双层玻璃幕墙的实际应用

双层玻璃幕墙被誉为"可呼吸的皮肤"，它主要是针对以往玻璃幕墙能耗高、室内空气质量差等问题，用双层体系作围护结构，提供自然通风和采光、增加室内空间舒适度、降低能耗，从而较好地解决了自然采光和节能之间的矛盾。双层玻璃幕墙中内层幕墙相当于传统的玻璃幕墙，是室内外的分界线，通常由中空保温玻璃构成，并设可开启窗扇；外侧玻璃通常由单层钢化玻璃构成，其主要功能是承受风载，防雨水、风沙、噪声以及形成两层玻璃之间一个相对稳定的、可以调节的空气缓冲层。外侧玻璃幕墙上有精心设计的可调节的进风口和出风口。由于空气层的存在，双层玻璃幕墙能提供一个保护空间以安置遮阳设施。通过调整空气层设置的遮阳百叶和利用外层幕墙上下部分开口的辅助自然通风，可以获得比普通建筑使用的内置百叶更好的遮阳效果，同时可以提供良好的隔声性能和室内通风效果。

双层幕墙的节能是指幕墙在夏季利用遮阳板吸热产生空气自然对流，通过通风换气将太阳辐射能带到室外，从而降低室内温度；在冬季(尤其是夜晚)形成多重隔热，提高保温效果，降低取暖能耗。双层幕墙在夏季的阳光照射下，遮阳板因吸热温度升高，幕墙通道中的空气被加热，使空气自下而上地流动，从而带走通道中的热空气，达到降低房间温度的作用。在冬季，则可关闭外层幕墙的通风口，这样幕墙内部的空气在阳光照射下温度升高，减少室内和室外的温度差，同时起到房间保温功效，降低房间取暖费用。

双层玻璃幕墙已经在国内外得到了广泛的应用，取得了良好的节能效果。

双层立面(如图 6-36 所示)：

双层立面的节能设计方法广泛应用于旧建筑改造。其原理与双层玻璃幕墙相类似，即通过在原有建筑墙体外面再加建一层玻璃幕墙的方法来降低建筑能耗，新旧两层墙体之间形成一定厚度的空气层，形成双层或者多层体系的缓冲层。同时，通过幕墙外部上下开口和内部墙体的不同分割方式组织空气间层内的气流运动方式。冬季，空气间层作为缓冲空间，有效减少了建筑热损失；夏季，通过底部和顶部的开口，空气在间层中流动，起到了被动式制冷的作用。与双层玻璃幕墙相类似，双层立面之间也可以安装适合的遮阳设施以取得更好的节能效果。双层立面的改造方法在国外已经得到大量应用，但目前还没有引起国内建筑师的重视。

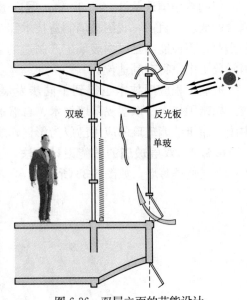

图 6-36　双层立面的节能设计

6.6　夏热冬冷地区节能玻璃选择

随着国内南方建筑节能的发展。2001 年我国发布了《夏热冬冷地区居住建筑节能设计标准》，该标准对夏热冬冷地区居住建筑的建筑热工采暖空调，提出了与没有采取节能措施前相比节能 50% 的目标。浙江省属夏热冬冷地区，建筑采暖和空调的能源消耗占社会总能耗的 1/4 左右。因此，根据本地区的气候特点、居住建筑的功能要求和节能设计标准，搞好节能外窗的应用研究，对于节约能源，保护环境，贯彻执行国家可持续发展战略，具有极其重要的意义。

选择使用节能玻璃时，应根据玻璃所在位置及地区确定玻璃品种：日照时间长且处于向阳面的玻璃应尽量控制太阳能进入室内以减少空调负荷，最好选择热反射玻璃及由热反射玻璃组成的中空玻璃；寒冷地区或背阳面的玻璃应以控制热传导为主，尽量选择中空玻璃或低辐射玻璃组成的中空玻璃。

冬季要吸收室外太阳的近红外线、可见光、反射室内的远红外线；夏季则主要反射室外远红外线（此时，远红外线甚至超过太阳光线的热量），夏热冬冷地区玻璃的节能要求如图 6-37 所示。采用

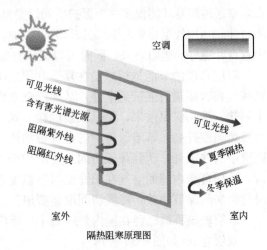

图 6-37　夏热冬冷地区玻璃的节能要求

Low-E 玻璃最为合适。

室外严寒时，太阳发出近红外热辐射和可见光可以大量地透过 Low-E 膜层进入室内，同时，室内的物体、墙体、空调，暖气和人体发出长波热能被 Low-E 膜层反射回室内，有效隔绝室内热量通过玻璃向寒冷室外散失，极好的保持了室内热量。在室外炎热时，Low-E 膜层可让可见光、近红外线透过，同时把太阳辐射、柏油马路和建筑物放出的长波热能阻挡在外，可以降低空调消暑降温的能耗。Low-E 玻璃的使用效果如图 6-38 所示。

几种外窗玻璃传热系数见表 6-11。

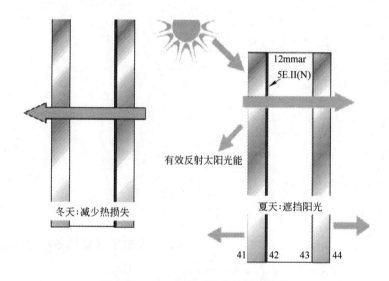

图 6-38　Low-E 玻璃的使用效果分析

外窗玻璃传热系数的典型取值 W/(m² · K)　　　　　　　　表 6-11

	普通铝合金	PVC 塑料窗	断热铝合金窗	木窗
单层玻璃	6.2	4.6	—	4.8
普通中空玻璃	3.9	2.8	3.4	2.9
Low-E	2.9	2.2	2.5	2.0

在以夏热冬冷地区典型气候为特征的浙江省，居住建筑中宜采用低辐射 Low-E 中空玻璃。遮阳系数 Sc 可在 0.3～0.6 范围内选择，以达到最佳节能效果。

外窗节能与整个居住建筑节能的最终效果具有密切的关系，因此进一步加强节能外窗技术的应用研究，增强外窗节能效果是提高建筑节能水平的重要环节。

项 目 小 结

本项目着重讲述不同节能玻璃的技术要求，阐述了节能玻璃的使用范围。介绍了节能玻璃的发展方向。通过本项目的学习，使学习者较好地掌握不同节能玻璃的技术特性，并具备根据气候的具体特征选择节能玻璃的能力。

思 考 题

1. 玻璃节能在建筑节能中作用如何?
2. 普通白玻的能耗特性如何?
3. 中空玻璃的节能原理是什么,适合哪些地方使用?
4. Low-E玻璃为什么适合夏热冬冷地区使用?

项目 7 居住建筑采暖节能

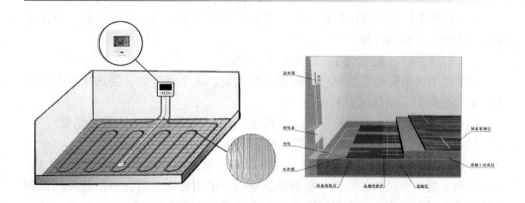

多功能节能超导供暖、超导空调、生活热水系统示意图

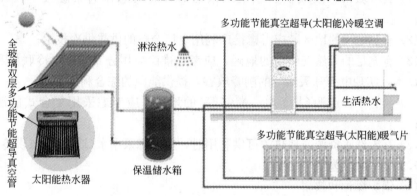

项 目 概 要

本项目共分为6节内容，依次介绍了热源节能、管网保温技术、采暖系统专项节能设计、水力平衡技术、自由温控和热计量以及低温热水地板辐射采暖系统。在本项目学习过程中，要求学习者一方面掌握常规采暖系统的节能设计方法；另一方面结合技术成果，能在实际工程中将最新的采暖技术尤其是低温辐射技术应用到采暖系统中。

7.1 热 源 节 能

7.1.1 基本规定

居住建筑集中供热热源形式的选择，应符合以下原则：

(1) 以热电厂和区域锅炉房为主要热源，在城市集中供热范围内时，应优先采用城市热网提供的热源；

(2) 有条件时，宜采用冷、热源联供系统；

(3) 集中锅炉房的供热规模应根据燃料确定，采用燃气时，供热规模不宜过大，采用燃煤时，供热规模不宜过小；

(4) 对于工厂附近的建筑，应优先充分利用工业余热和废热为采暖热源；

(5) 有条件时，应积极利用可再生能源，如太阳能、地热能等。

公共建筑的空气调节与采暖热源宜采用集中设置的冷热水机组组成的供热、换热设备。机组和设备的选择应根据建筑规模、使用特征，结合当地能源结构和价格政策、环保规定，按下列原则通过技术经济综合论证后确定：

(1) 具有城市、区域供热或工厂余热时，应考虑作为采暖或空气调节的热源；

(2) 有热电厂的地区，应考虑推广利用电厂余热的供热供冷技术；

(3) 有充足的天然气供应的地区，应考虑推广应用分布式热电冷联供和燃气空调技术，实现电力和天然气的削峰填谷，提供能源的综合利用率；

(4) 具有多种能源(热、电、燃气等)的地区，应考虑采用复合式能源供冷供热；

(5) 有天然水资源或地热源可供利用时，应考虑采用水(地)源热泵供冷供热。

7.1.2 锅炉选型与台数

(1) 锅炉煤种和效率

采暖锅炉的运行需要消耗大量的燃料、电能和水，是一个耗能大户。锅炉供暖规划应与城市建设的总体规划同步进行。尽量减少分散的小型供暖锅炉房，锅炉选用应与当地供应的煤种相匹配，选择与煤种相适应的炉型，在此基础上选用高效的锅炉。表 7-1 为我国各种炉型对煤种的要求。

各种炉型对煤种的要求 表 7-1

手烧炉	适应性广
抛煤机炉	适应性广，但不适应水分大的煤
链条炉	不宜单纯烧无烟煤及结焦性强和高灰分的低质煤
振动炉	燃用无烟煤及劣质煤效率下降
往复炉	不宜燃烧挥发粉低的贫煤和无烟煤，不宜烧灰熔点低的优质煤
沸腾炉	适应各种煤种，多用于烧煤干石等劣质煤

锅炉的设计效率不应低于表 7-2 中规定的数值。

锅炉的最低设计效率(%) 表 7-2

锅炉类型、燃料 种类及发热值			在下列锅炉容量(MW)下的设计效率(%)						
			0.7	1.4	2.8	4.2	7.0	14.0	>28.0
燃煤	烟煤	Ⅱ	—	—	73	74	78	79	80
		Ⅲ	—	—	74	76	78	80	82
	燃油、燃气		86	87	87	88	89	90	90

（2）锅炉房总装机容量

锅炉房总装机容量按公式(7-1)计算。

$$Q_B = Q_0 / \eta_1 \qquad (7-1)$$

式中　Q_B——锅炉房总装机容量，W；

Q_0——锅炉负担的采暖设计热负荷，W；

η_1——室外管网输送效率(一般 $\eta_1 = 0.9$)。

锅炉房总装机容量应适当，容量过大会造成投资增大，导致设备利用率和运行效率降低；容量过小会造成锅炉超负荷运行而降低效率，导致环境污染加重。一般锅炉房总容量是根据其负担建筑物的计算热负荷，并考虑管网输送效率，即考虑管网输送热损失，漏损损失以及管网不平衡所造成的损失等因素确定，一般管网输送效率为90%。

（3）新建锅炉房采用锅炉台数

由于采暖锅炉运行是季节性的，在非采暖期间可进行维修，因此可不考虑备用。但考虑到运行时随着室外温度的变化调节供热量，锅炉单台运行的负荷率应保持在50%以上且便于管理，一般采用2～3台，尽量避免采用一台。

（4）锅炉辅助设备

锅炉辅助设备与锅炉相匹相，有利于节电，便于调节。为使锅炉燃料充分燃烧，必须保证适量的空气，并要及时排出燃烧后产生的烟气，要保证鼓风机与引风机所需的动力。所采用鼓风机和引风机的风量和风压不能过大，否则，不仅耗电量大，而且还将恶化炉内燃烧条件而浪费燃料和污染环境。在各种热损失中，排烟和固体不完全燃烧损失所占比重较大，尤其是排烟热损失，约占10%左右。锅炉房设计中应考虑如何利用这些热量，提高热利用率。

（5）燃煤锅炉

根据燃煤锅炉单台容量越大效率越高的特点，为了提高热源效率，应尽量采用较大容量的锅炉。独立建设的燃煤集中锅炉房中单台锅炉的容量，不宜小于7.0MW。对于规模较小的住宅区，锅炉的单台容量可适当降低，但不宜小于4.2MW。新建锅炉房时，应考虑与城市热网连接的可能性。锅炉房宜建在靠近热负荷密度大的地区。同时，燃煤锅炉房的锅炉台数，宜采用2～3台，不应多于5台。在低于设计运行负荷条件下多台锅炉联合运行时，单台锅炉的运行负荷不应低于额定负荷的60%。

（6）燃气锅炉

燃气锅炉房的设计，应符合下列规定：

1）高层建筑供热面积不宜大于 70000m²，多层建筑供热面积不宜大于 40000m²；

2）锅炉房的供热半径不宜大于 150m。当受条件限制供热面积较大时，应经技术经济比较确定，采用分区设置热力站的间接供热系统；

3）模块式组合锅炉房，宜以楼栋为单位设置；数量宜为 4～8 台，不应多于 10 台；

4）每个锅炉房的供热量宜在 1.4MW 以下。总供热面积较大，且不能以楼栋为单位设置时，锅炉房也应分散设置；

5）燃气锅炉直接供热系统的锅炉由于供、回水温度和流量的限定值，与负荷侧在整个运行期间对供、回水温度和流量的要求不一致，应在热源侧和用户侧配置二次泵水系统。

7.1.3 "三联供"技术

热电冷"三联供"，英文为 Cooling、Heating & Power，即通过能源的梯级利用，燃料通过热电联产装置发电后，变为低品味的热能用于采暖、生活供热等用途，这一热量可驱动吸收式制冷机，用于夏季空调，从而形成热电冷"三联供"系统。如图 7-1 所示。

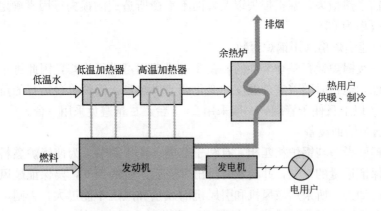

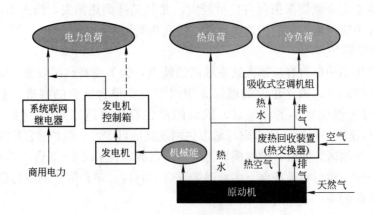

图 7-1 热电冷"三联供"系统

天然气是一种高热值的洁净能源，储量丰富而环保，以天然气为燃料的热电冷三联供系统，可对能量进行阶梯利用，受到市场普遍欢迎。如图7-2所示。

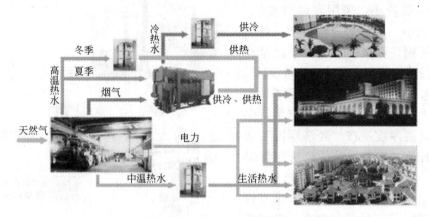

图7-2 适用的商务区、商业区、居民小区

与传统技术相比，"三联供"技术具有如下特点：

（1）能源利用率高。"三联供"系统由于使用洁净能源，能源站靠近民居，电力在同一地方产销，没有输送损耗，能充分回收余热以制造蒸汽、空调冷冻水或热水，能源利用率可达80％以上。

（2）环境污染度低。"三联供"技术主要以天然气为燃料，与传统燃煤（脱硫）发电相比，减少排放二氧化硫约90％、氮氧化物约80％、二氧化碳约50％，悬浮微粒可减至零。

（3）能源供应安全可靠性高。夏季"电荒"主要是因为传统空调大量耗电造成。"三联供"系统在供电的同时可以利用烟气制冷，为开启"无电空调"时代提供可能。

（4）价格实惠。使用"三联供"技术制冷，由于能源得到充分应用，较电力空调价格便宜。

（5）节省建筑空间，增加楼面实用率。采用区域"三联供"系统后，建筑物内不再需要冷却塔、制冷机及烟道等设施，在增加楼面实用率、美化环境的同时，可降低电力及燃气的增容和安装费用，降低投资成本。

三联供系统已经成为现代城市的理想能源系统。

7.2 管网保温技术

7.2.1 供热管网敷设方式

室外供暖管网的铺设与保温是供暖工程中重要的组成部分。供暖的供回水干管是从锅炉房通往各供暖建筑的室外管道，供热管网敷设方式通常埋设于通行式、半通行式或不通行管沟内，也可直接埋设于土层内或明露于室外空气中，图7-3为供热管网改造示意图。

一、二次热水管网的敷设方式，直接影响供热系统的总投资及运行费用，应合理选取。对于庭院管网或二次网，管径一般较小，采用直埋管敷设，投资较小，运行管理较方便。对于一次管网，可根据管径大小经过经济比较确定采用直埋或地沟敷设。

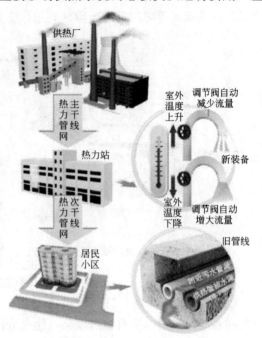

图 7-3　供热管网改造示意图

7.2.2　供热管道保温厚度

为减少保温结构散热损失，保温材料层厚度应按"经济厚度"的方法计算。采暖供热管道所用保温材料，推荐采用岩棉或矿棉管壳、玻璃棉壳及聚氨酯硬质泡沫保温管（直埋管）等三种保温管壳，它们都具有良好的保温性能。表 7-3 中推荐的最小保温厚度，是以北京地区全年采暖小时数 3000 及 1993 年原煤价格和热价进行计算得到的，供其他地区参考。

最小经济保温厚度　　　　　　　　　　　表 7-3

保温材料	管径(mm)		最小保温厚度 δ(mm)
	管径直径 D_0	外径 D	
水泥膨胀珍珠岩管壳 $\lambda_m=0.058+0.00026t_m$ [W/(m·K)] $t_m=70℃$时 $\lambda_m=0.00761$ [W/(m·K)]	25～65 80～150 200～300	32～73 89～159 219～328	40 50 60
岩棉管壳 $\lambda_m=0.0314+0.0002t_m$ [W/(m·K)] $t_m=70℃$时 $\lambda_m=0.0452$ [W/(m·K)]	25～32 40～200 250～300	32～38 45～219 273～325	20 30 40

注：表中 t_m——保温层的平均温度，℃，取管道内热媒与管道周围空气的平均温度。当选用其他材料或其导热系数与表中值差异较大时，最小保温厚度应按公式(7-2)修正。

$$\delta'_{min}=\frac{\lambda'_m \times \delta_{min}}{\lambda_{m_i}} \tag{7-2}$$

式中　δ'_{min}——修正后的最小保温厚度，mm；

　　　δ_{min}——表中的最小保温厚度，mm；

　　　λ'_m——实际选用的保温材料平均导热系数，W/(m·K)；

　　　λ_m——表中保温材料的平均导热系数，W/(m·K)。

当实际热媒温度与管道周围空气温度之差大于 60℃时，最小保温厚度应按公式(7-3)修正：

$$\delta'_{\min}=\frac{\delta_{\min}(t_{\mathrm{w}}-t_{\mathrm{a}})}{60} \tag{7-3}$$

式中　t_{w}——实际供热热媒温度，℃；

　　　t_{a}——管道周围空气温度，℃

当供热热媒与采暖管道周围空气温度差等于或低于 60℃时，安装在室外或室内地沟中的采暖供热管道的保温厚度不得小于表 7-3 中规定的数值。管道经济保温厚度是从控制单位管长热损失的角度制定的；在供热量一定的前提下，随着管道长度增加，管网总热损失也将增加。采暖建筑面积大于或等于 50000m² 时，应将 200～300mm 管径的保温厚度在表 7-3 最小保温厚度的基础上再增加 10mm，使输送效率提高到规定水平。

7.3　采暖系统专项节能设计

7.3.1　连续供暖制度

连续采暖是指当室外温度达到设计温度时，为使室内温度达到日平均设计温度，要求锅炉按照设计的供回水温度 95℃/70℃，昼夜连续运行。连续供暖的锅炉可避免或减少频繁的压火或挑火，从而有效避免由此引起的锅炉效率降低或燃煤的浪费。连续采暖的热负荷，每小时都是均匀的，按连续供暖设计的室内供暖系统，其散热器的散热面积不考虑间歇因素影响，管道流量相应减少，节约了初期投资和运行费。

连续采暖使得供热系统的热源参数、热媒流量等实现按需供应和分配，不需要采用间歇式供暖的热负荷附加，降低了热源的装机容量，提高了热源效率，减少了能源的浪费。

7.3.2　间歇调节与间歇采暖

间歇采暖系指在室外温度达到采暖设计温度时，采用缩短供暖时间的方法。间歇采暖主要是指教学楼、礼堂、影剧院，在使用时间内保持室内设计温度，而在非使用时间内，允许室温自然下降，此类建筑采用间歇采暖不仅是经济的，也是合理的。当室外温度高于采暖设计温度时，采用质调节或量调节以及间歇调节等运行方式，减少供热量。间歇调节运行是在供暖过程中减少系统供热量的一种方法。

7.3.3　避免"大马拉小车"

在设计采暖供热系统时，应详细进行热负荷的调查和计算，合理确定系统规模和供热半径，避免出现"大马拉小车"的现象。考虑到集中供热的要求和我国锅炉生产状况，锅炉房的单台容量宜控制在 7.0～28.0MW 范围内。系统规模较大时，宜采用间接连接，并将一次水供水温度设计为 115～130℃，设计回水温度取 70～80℃，可提高热源的运行效率，减少输配能耗，便于运行管理和控制。

7.4 水力平衡技术

7.4.1 水力失调和水力平衡

（1）水力失调

锅炉供热在采暖期内应始终与建筑需热量一致。对于一个设计完善、运行正常的管网系统，各用户均能获得相应的设计水量，并满足其热负荷的要求。实际工程中，大型供热管网是一个很复杂的系统，热网的水力工况受到各种因素的影响和制约，水力会出现失调现象，导致热源机组达不到额定功率，造成能耗高，供热品质差的弊病。

在供暖系统中各用户的实际流量与设计要求流量之间的不一致性称为水力失调。主要原因如下：

1) 工程设计是根据水力学理论进行计算而选取相应的数据，但实际管材的数值与标准是有差别的。热网管道规格的离散性使得热网设计必须经过人为调节来实现各个用户环路的水力平衡。在热网设计时，一般是满足最不利用户点所必需的资用压头，而其他用户的资用压头都会有不同程度的富裕量。在此状态下分配各用户流量，必然产生水力失调；

2) 由于施工条件的限制，管路的实际情况与设计情况有很大不同，供热管网在实际运行中不能达到平衡；

3) 系统中用户的增加或减少，或系统中用户用热量的增加或减少而导致水力失调；

4) 循环水泵选择不当，流量、压头过大或过小，都会使工作点偏离设计状态而导致水力失调；

5) 绝大多数系统是单管顺序式采暖系统缺少必要调节设备，用户系统无法调节，导致水力失调。且管网维护不当，使管网水力平衡受到影响。

供暖系统的水力不平衡是造成供暖系统能量浪费的主要原因之一。因此，实现供暖系统水力平衡是实现冬季建筑供暖系统节能的必要条件。水力平衡是指系统管网中各个用户在其他用户流量改变时保持本身流量不变的能力。

水力平衡是高品质供热的关键，在采暖系统设计时，必须进行必要的水力平衡计算。目前国内已有若干技术措施实现水力平衡，例如安装平衡阀，应用等温降原理法以及选配容量合适的锅炉和水泵等。

（2）静态水力失调和静态水力平衡

由于设计、施工、设备材料等原因导致的系统管道特性阻力数比值与设计要求管道特性阻力数比值不一致，从而使系统各用户的实际流量与设计要求流量不一致，引起系统的水力失调，叫做静态水力失调。实际工程中可通过在管道系统中增设静态水力平衡设备，如：水力平衡阀等，对系统管道特性阻力数比值进行调节，使其与设计要求的管道特性阻力数比值一致，系统总流量达到设计流量，各末端设备流量均同时达到设计流量，系统实现静态水力平衡。

（3）动态水力失调和动态水力平衡

当用户阀门开度变化引起水流量改变时，其他用户的流量也随之发生改变，偏离设计要求流量，从而导致的水力失调，叫做动态水力失调。通过在管道系统中增设动态水力平衡设备，如：流量调节器或压差调节器等，从而达到当其他用户阀门开度发生变化时，通过动态水力平衡设备的屏蔽作用，使自身的流量并不随之发生变化，末端设备流量不互相干扰，实现动态水力平衡。

（4）供暖系统的水力平衡附件

要实现供暖系统的水力平衡，在供暖系统中应设置水力平衡附件。目前常用的水力平衡附件有静态和动态流量平衡阀，在实际应用中根据使用需要进行正确选择。

1）静态流量平衡阀

静态流量平衡阀的实物图、典型安装示意和相关流量曲线如图 7-4 所示。

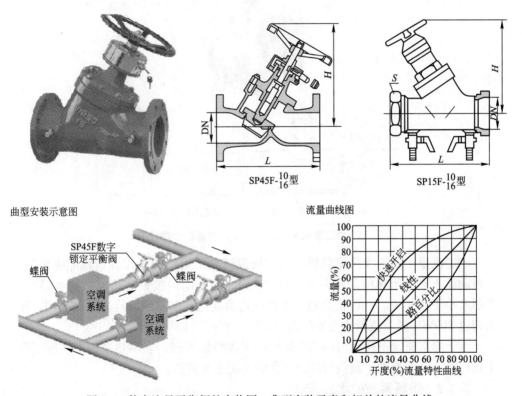

图 7-4　静态流量平衡阀的实物图、典型安装示意和相关的流量曲线

平衡阀的工作原理是通过调节阀芯与阀座的间隙，改变流体流经阀门的阻力，达到调节流量的目的。

静态流量平衡阀的特点是使供暖内各环路之间达到水力平衡，保证各个支路所需的热量，使建筑物供暖系统按照设计总流量运行，即可满足最不利点建筑物内房间的室温要求，又不需要使供暖系统加大流量运行。

静态流量平衡阀可安装在回水管路上，也可安装在供水管路上。一般安装在水温较低的回水管路上。由于水温比较低，平衡阀的工作环境比较好，可以延长其使用寿命,同时也可方便调节。采用静态流量平衡阀进行流量调节时,需要测量调节阀前后的压力,为了保证测量和调节的相对准确,应尽可能将平衡阀安装在直线管段处。当供暖系统完成水力平衡调节后,不应随意变动静态流量平衡阀的开度。

2) 动态流量平衡阀

动态流量平衡阀的工作原理是通过改变阀芯的过流面积,适应阀门前后的压差变化,而控制流量。动态流量平衡阀可以按照需求设定流量,并将通过阀门的流量保持恒定,其作用是在阀的进出口压差变化的情况下,维持通过阀门的流量恒定,达到管路的流量恒定从而限制最大流量。它是由一个手动调节阀组和一个自动平衡阀组组成。调节阀组的作用是设定流量,自动平衡阀组作用是维持流量恒定,如图 7-5 所示。

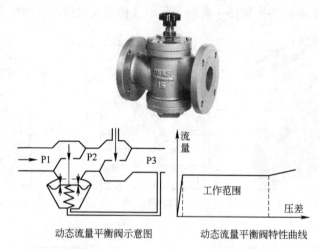

动态流量平衡阀示意图　　　　动态流量平衡阀特性曲线

图 7-5　动态流量平衡阀实物图、示意图和特性曲线

动态流量平衡阀维持流量恒定的有效范围是由阀门的工作弹簧性能决定的。一般动态流量平衡阀前后压差在 20～300kPa 的范围内按设定值有效控制流量。当压差小于 20kPa 时,流量会随着压差变化而变化,起不到恒定流量的作用。压差超过 300kPa 时,流量也会发生改变。

由于静态流量平衡阀与动态平衡阀的工作特性不同,当供热系统在实际工况下运行时,动态流量平衡阀与静态平衡阀不能相互替代。

7.4.2　供暖系统的水力调节

供暖系统在不同的工况下,都需要进行相应的水力调节。根据供暖系统的不同特点,可从以下几方面进行分析。

(1) 定流量系统调节与变流量系统调节

根据供暖系统的水力学流动特性,系统可分为定流量系统和变流量系统。定流量系统通常是指使用三通阀控制进入末端设备的热水水量的水力系统。当供热负荷下降时,阀门将会旁通部分流量,使整个系统的总流量保持恒定。

变流量系统是指使用两通阀控制进入末端设备的热水水量的水力系统,根据供暖的实际需要变化流量。图 7-6 中采用的是静态流量平衡阀方案,图 7-7 采用的是动态流量平衡阀方案，需要注意的是：当安装动态流量平衡阀时，不必每一级管路都进行安装，因为系统的运行需要在一定的压差范围内，当超过这个压差范围，将不能起到好的调节效果。

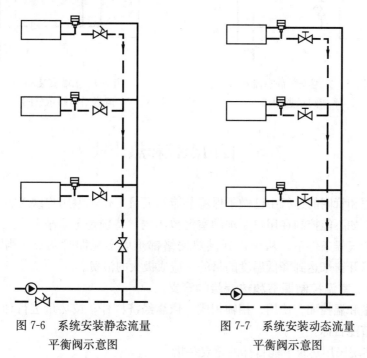

图 7-6　系统安装静态流量　　　　图 7-7　系统安装动态流量
　　平衡阀示意图　　　　　　　　　　平衡阀示意图

（2）静态水力失调调节与动态水力失调调节

供暖系统的水力调节是对系统的水力失调现象进行的工况调节。供暖系统的水力失调分为静态水力失调和动态水力失调。

静态水力失调指的是由于设计、施工等原因导致的系统管道特性阻力数与设计的管道特性阻力数不一致，系统各用户的实际流量与设计流量不一致，所引起系统的水力失调。静态水力失调是系统本身所固有的。通过在管道系统中安装静态流量平衡阀，调整系统管道特性阻力数，使其与设计要求的管道特性阻力数一致，即可实现系统静态水力平衡。

当用户阀门开度变化引起水流量改变时，其他用户的流量也随之发生改变，偏离设计要求流量，从而导致的水力失调，叫做动态水力失调。动态水力失调不是系统本身所固有的，是在系统运行过程中产生的。通过在管道系统中安装动态流量调节阀，即可实现系统动态水力平衡。

如图 7-8 所示，是在末端安装静态流量平衡阀的情况。旁通回路上加装平衡阀，通过调节使得旁通管路的总阻力系数等于末端设备的总阻力系数。无论水通过末端设备还是旁通回路，水量都不会变化；如图 7-9 所示，是在末端安装动态流量平衡阀的情况。在分支处安装动态流量平衡阀，当水流过末端设备管路时，动态流量平衡阀开大，流量为设定值；当水流经旁通回路时，动态流量平衡阀自动关小，从而保持流量的恒定。

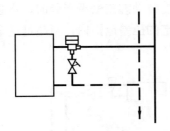

图 7-8　末端安装静态流量
平衡阀示意图

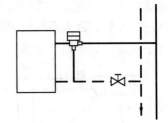

图 7-9　末端安装动态
流量平衡阀示意图

7.5　自由温控和热计量

在热源和管网的运行中已做了保温节能的大量工作，但用户缺乏自行调节室温的手段，如不能控制在用户要求的室温范围内，特别是冬季晴天、入冬、冬末相对暖和的气候条件下，从用户到供热网络都难以实现即时调节。当室温很高时，甚至以开窗来达到降低温度的目的，造成极大的浪费。

7.5.1　室温控制调节和热计量的意义

热计量和温控配合使用、相辅相成，依靠经济杠杆，按热量进行计费，才能真正实现节能目标。

（1）实现民用建筑节能目标的重要举措

供热采暖系统节能主要措施有：水力平衡，管道保温，提高锅炉热效率，提高供热采暖系统运行维护管理水平，室温控制调节和热量按户计费。前几项措施在过去十年已取得显著的经济和社会效益，而室温控制调节（如图 7-10 所示）和热

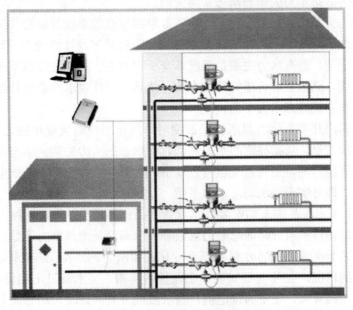

图 7-10　室温控制调节

量按户计费成为系统节能的薄弱环节，是当前整个建筑节能工作深入发展过程中要解决的热点和难点问题。改善围护结构节能只是为建筑节能创造降低负荷的条件，而采暖供热节能才是落实节能的关键。

（2）供热与用热制度改革的必然要求

福利制供暖、耗能多少与用户利益无关是我国供热系统节能工作的一个最大障碍。按照国家节能法的要求，生活计量收费是适应社会主义市场经济要求的一项重大改革，是供热企业改变运行机制的重要举措，是促进建筑节能工作的一项根本措施。发达国家的经验告诉我们，实行供热采暖计量收费措施，可节能至少25%。

热计量关系到供热收费制度的改革，居民用热观念的转变。如同水表、电表的推行和水电计量收费的实施带来良好的节能效益一样（水表到户，实现了节水30%的显著效益），计量收费能够将用户的自身利益与能量消耗结合起来，势必增加公民的节能意识，并推动节能工作的进行。

（3）温控是计量收费的前提

热计量的大面积推广一定要在温控的前提下进行。温控的目的不仅仅是热计量，重要的是提高室内舒适度，提高热网供热质量。按表收费能促进温控的实施，热计量不仅能够验证温控的节能效果，而且还能促进热网供热水平的提高和节能工作的深化。

7.5.2　分户热计量的供热系统形式

住宅供暖的热计量的方式主要有两种：热量计量法和热量分配法。

（1）热量计量法

主要应用在单户住宅建筑，一户一表，如图 7-11 所示。可直接由每户小量程的户用热表读数计量。这种方式要求系统形式为双立管、每户只有一个热力出入口，户内为一独立系统，热量表设在每户的热力出入口处，如图 7-12、图 7-13、图 7-14、图 7-15 和图 7-16 所示。热量表一般由流量计、温度传感器及二次仪表等三部分组成。用户可直接观察到使用的热量和供回水温度。根据计量原理，热

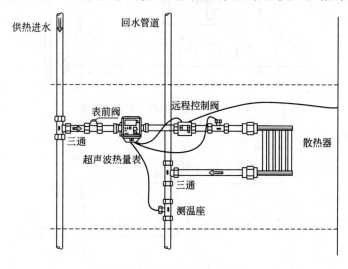

图 7-11　一户一表

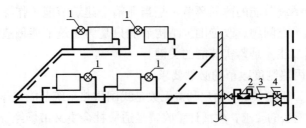

图 7-12　分户式下供下回水平双管采暖系统
1—温控阀；2—热量表；3—除污器；4—锁闭阀

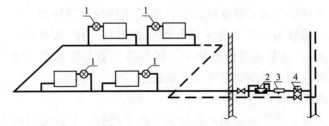

图 7-13　分户式下供下回水平单管跨越式采暖系统
1—温控阀；2—热量表；3—除污器；4—锁闭阀

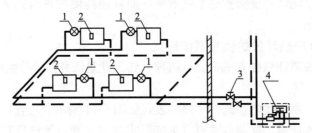

图 7-14　热分配式分户式水平双管采暖系统示意图
1—温控阀；2—热量表；3—锁闭阀；4—组合式热表

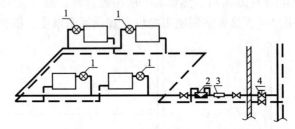

图 7-15　分户式下供下回水平双管采暖系统
1—温控阀；2—热量表；3—除污器；4—锁闭阀

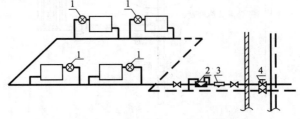

图 7-16　分户式下供下回水平单管跨越式采暖系统
1—温控阀；2—热量表；3—除污器；4—锁闭阀

计量安装在供、回水管上均可达到计量的目的，但是由于热量计有流量计量装置，为避免户内系统丢水损失热量，热量计应安装在供水管路上，而温度传感器应安装在进出户的供回水管路上。适用于新建筑或补加供暖的旧建筑的采暖系统。

（2）热量分配法

主要应用在公寓式住宅：若户内系统不是分户成环的独立系统时，可在系统的热入口安装热量总表，根据此表收取总热费，用安装在各户散热器上的热分配表，计算出每个散热器在系统消费中所占的百分比，分摊总表耗热量到每个用户。热量分配表系统为总热量表加每组散热器上的热分配表。适用于对原有建筑物采暖系统的改造。热量分配法分为有蒸发式和电子式两种。

7.5.3 温控和热计量装备

（1）散热器温控阀（如图7-17所示）

在散热器上安装恒温控制阀已成为建筑节能不可缺少的部分，安装散热器恒温控制阀可节省10%～20%的能源消耗。散热器温控阀是一种自力式比例室温控制器，无需外加能量即可工作，通过改变采暖热水流量来调节、控制室内温度。

散热器恒温阀工作原理：是利用阀的感温原件来控制阀门开度，当室内温度升高时，感温材料膨胀压缩阀杆使阀口关小。反之阀杆弹回，阀口开大。因此，当房间有其他辅助热源时（如白天的太阳光，及其他发热体等），阀门自动关小使散热器的进水量减少，最终达到节约能源的目的。

散热器恒温阀由传感器和阀门两部分组成，包括恒温控制器、流量调节阀以及一对连接件。传感器内的主要元件是充注了低沸点液体的波纹管。波纹管内液体控制的压力与其感受到的温度有关，该压力被室温设定弹簧的预紧力所平衡。恒温阀温度的设定用户可以自行调节，恒温阀会按设定要求自动控制和调节散热器的水量，从而达到控制室温的目的。恒温控制器的核心是传感单元，即温包，温包内充有感温介质，能感应环境温度。

散热器恒温阀主要技术参数为公称压力：1MPa；最大压差：0.1MPa；调节刻度：0～5；温度调节范围：8～28℃。

（2）热量表（如图7-18所示）

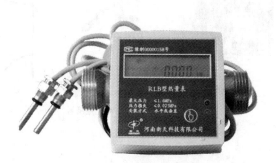

图7-17 温控阀实物图　　　图7-18 热量表实物图

进行热量测量和计算，并作为结算根据的计量仪器称为热量表（又称能量计、热表），一个完整的热量表由以下三个部件构成：

1）流量计：用以测量流经热交换系统的热水流量。

根据工作原理的不同，流量计有以下几种类型：涡轮式、孔板式、涡街式、机械式、电磁式、超声波式。衡量一种热量表用流量计的标准要考虑到其经济性、可维修性及对工作条件的要求程度。综合这些指标后，机械式流量计应该是热水管网热量表用流量计的最佳选择。

2）温度传感器：分别测量进水温度和回水温度，并得到进、回水间温差。

温度传感器一般采用铂电阻作为测温元件，国外产品用热量表采用的大多是Pt100 或 Pt500 型铂电阻，误差为 1％～2 ％。如采用 Pt1000，相同电缆的导线电阻可能引起的误差减小到 0.1％～0.2％以下。即采用 Pt1000 不仅提高了热量表的精度，而且为热量表的安装，提供了更便利的条件。由于上述原因，目前我国的热量表大多采用 Pt1000 作为测温元件。

3）积分仪：根据与其相连的流量计和温度传感器提供的流量及温度数据，通过相关公式计算出用户从热交换系统获得的热量。

积分仪是整个热量表的核心。积分仪根据流量计与温度传感器提供的流量和温度信号计算温度与流量，计算供暖系统消耗的热量 E 和其他统计参数，显示记录输出。

如图 7-19 所示为立管系统分户热计量。

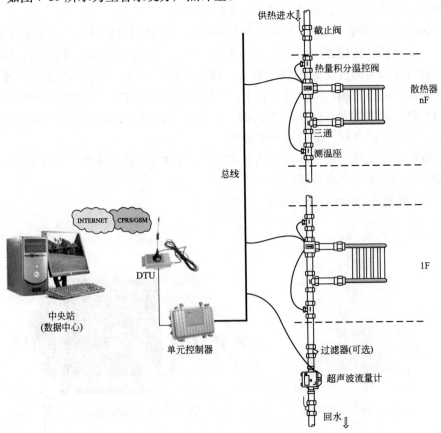

图 7-19 立管系统分户热计量

（3）热量分配表（如图 7-20 所示）

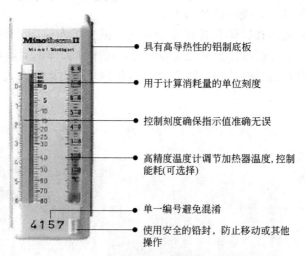

图 7-20　热量分配表

具有高导热性的铝制底板

用于计算消耗量的单位刻度

控制刻度确保指示值准确无误

高精度温度计调节加热器温度，控制能耗(可选择)

单一编号避免混淆

使用安全的铅封，防止移动或其他操作

在每个散热器上安装热量分配表，供暖季结束后，由工作人员上门读表，测量计算每个住户用热比例，通过总表和计算求得实际耗热量，其中最为常用的是蒸发式热分配表。蒸发式热分配表是依靠测量该玻璃管内液体的蒸发量来计算散热量，所以测量液体的蒸发速度应适中，必须无毒、无味，对人体健康无害。

蒸发式热分配表最大的优点是对供暖系统的形式没有特殊要求，适用于我国旧有楼房采暖系统的改造。同时蒸发式热分配表的造价和运行费用较低，适合我国国情，推广起来比较容易。

7.6　低温热水地板辐射采暖系统

7.6.1　辐射采暖基本概念

散热器采暖是多年来建筑物内常见的一种采暖形式，其主要靠对流方式向室内散热，对流散热量占总散热量的 50％以上。而辐射采暖系统（如图 7-21 所示）主要靠辐射散热方式向房间供应热量，其辐射散热量占总散热量的 50％以上。

辐射采暖是一种卫生和舒适标准都比较高的供暖形式，和对流采暖相比，具有以下特点：

（1）辐射采暖时，人或物体受到辐射照度和环境温度的综合作用，人体感受的实感温度可比

图 7-21　辐射采暖系统

127

室内实际环境温度高 2~3℃左右,即在具有相同舒适感的前提下,辐射采暖的室内空气温度可比对流采暖时低 2~3℃。

辐射采暖时人体和物体直接接受辐射热,减少了人体向外界的辐射散热量。辐射采暖的室内空气温度差比对流采暖时低,可增加人体的对流散热量。因此辐射采暖对人体具有最佳舒适感,图 7-22 为地板热水辐射取暖方式与其他方式对比示意图。

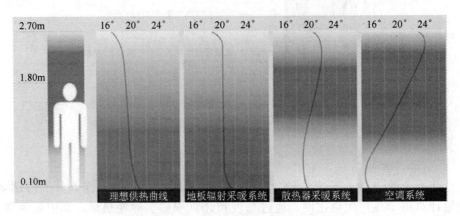

图 7-22　地板热水辐射取暖方式与其他方式对比示意图

（2）辐射采暖时沿房间高度方向上温度分布均匀,温度梯度小,房间无效损失减小。而且室温降低的可以减少能源消耗,如图 7-23 所示。

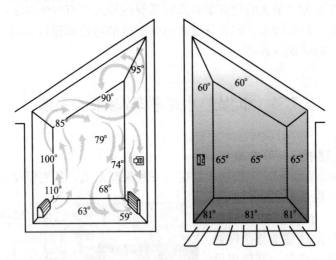

图 7-23　辐射采暖温度分布均匀

（3）辐射采暖不需要在室内布置散热器,少占室内的有效空间,便于布置家具。

（4）减少对流散热量,室内空气的流动速度降低,避免室内尘土飞扬,有利于改善卫生条件。

（5）辐射采暖比对流采暖的初投资高。

7.6.2　低温热水地板辐射采暖

辐射采暖的形式比较多，有不同的分类标准，见表 7-4。

辐射采暖分类标准　　　　　　　　　　　　　　　　　　　　表 7-4

分类根据	名称	特　征
板面温度	低温辐射	板面温度低于 80℃，结构形式为把加热管（或其他发热体）直接埋设在建筑构件内而形成散热面，比较适合民用建筑与公共建筑中考虑安装散热器会影响建筑物协调和美观的场合
	中温辐射	板面温度等于 80～200℃，通常是川钢板和小管径的钢管制成矩形块状或带状散热板
	高温辐射	板面温度高于 500℃，燃气红外辐射器、电红外线辐射器等，均为高温辐射散热设备，高温辐射采暖按能源类型的不同可分为电红外线辐射采暖和燃气红外线辐射采暖
辐射板构造	埋管式	以直径 15～32mm 的管道埋置于建筑结构内构成辐射表面
	风道式	利用建筑构件的空腔使热空气在其间循环流动构成辐射表面
	组合式	利用金属板焊以金属管组成辐射板
辐射板位置	顶棚式	以顶棚作为辐射采暖面，加热元件镶嵌在顶棚内的低温辐射采暖
	墙壁式	以墙壁作为辐射采暖面，加热元件镶嵌在墙壁内的低温辐射采暖
	地板式	以地板作为辐射采暖面，加热元件镶嵌在地板内的低温辐射采暖
热媒种类	低温热水式	热媒水温度低于 100℃
	高温热水式	热媒水温度等于或高于 100℃
	蒸汽式	以蒸汽（高压或低压）为热媒
	热风式	以加热以后的空气作为热媒
	电热式	以电热元件加热特定表面或直接发热
	燃气式	通过燃烧可燃气体在特制的辐射器中燃烧发射红外线

其中低温热水地板辐射采暖近几年得到了广泛的应用。

低温热水辐射地板采暖系统是一种利用建筑物内部地面进行采暖的系统，以低温热水（60℃）为热媒，采用塑料管预埋在地面不宜小于 30mm 的混凝土垫层内，通过埋设在地板内的塑料管把地板加热，以整个地面作为散热面，均匀的向室内辐射热量，具有热感舒适、热量均衡稳定、节能、免维修、方便管理等特点，是一种对房间微气候进行调节的节能采暖系统，特别适用于大面积、长时间采暖，如图 7-24 所示为低温热水地板辐射构造示意图。

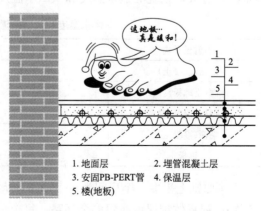

1. 地面层　　　　2. 埋管混凝土层
3. 安固PB-PERT管　4. 保温层
5. 楼（地板）

图 7-24　低温热水地板辐射构造

7.6.3 地板辐射采暖设计（如图 7-25 所示）

低温地热水板辐射采暖的楼内系统一般通过设置在户内的分水器、集水器与户内管路系统连接。分、集水器常组装在一个分、集水器箱体内，每套分、集水器宜接 3～5 个回路，最多不超过 8 个。分、集水器宜布置于厨房、盥洗间、走廊两头等既不占用主要使用面积，又便于操作的部位，并留有一定的检修空间，且每层安装位置应相同。

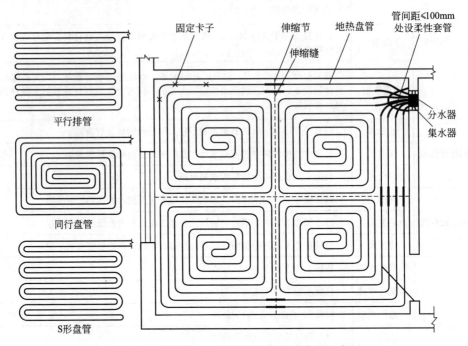

图 7-25　低温热水地板辐射采暖环路布置示意图

低温热水地板辐射采暖系统设计时，应注意以下几个方面：

（1）低温辐射采暖系统要求有适宜的水温和足够的流量。管网设计时各并联环路应达到阻力平衡。加热盘管均采用并联布置，减少流动阻力和保证供、回水温差不致过大，系统的供水温度和供回水温度差，一般可按表 7-5 采用。

供水温度和供回水温度温差表　　　　　　　　　　　　　　表 7-5

辐射板形式	供水温度（℃）	供回水温度差（℃）
地面（混凝土）	38～55	6～8
地面（土地板复面）	65～82	15
顶棚（混凝土）	49～55	6～8
墙面（混凝土）	38～55	6～8
钢板	65～82	

（2）原则上采取一个房间为一个环路，大房间一般以房间面积 20～30m² 为一个环路，视具体情况可布置多个环路。每个分支环路的盘管长度宜尽量接近，一般为 60～80m，最长不宜超过 120m。

（3）埋地盘管的每个环路宜采用整根管道，中间不宜有接头，防止渗漏。加热管的间距不宜大于 300mm。PB 和 PE-X 管转弯半径不宜小于 5 倍管外径，其他管材不宜小于 6 倍管外径，以保证水路畅通。

（4）卫生间一般采用散热器采暖，自成环路，采用类似光管式散热器的干手巾架与分、集水器直接连接。

（5）加热管以上的混凝土填充层厚度不应小于 30mm，且应设伸缩缝以防止热膨胀导致地面龟裂和破损，特别注意伸缩缝的做法。

（6）盘管可以由弯管、蛇形管或排管构成。为了确保流量分配均匀，支管的长度必须大于联箱的长度，否则应采用串—并联连接方式。

（7）应注意防止空气窜入系统，盘管中应保持一定的流速，一般不应低于 0.25m/s，以防空气聚积，形成气塞。

（8）必须妥善处理管道和敷设板的膨胀问题，管道膨胀时产生的推力，绝对不允许传递给辐射板，如图 7-26 所示。

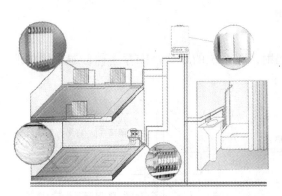 

图 7-26　低温热水地板辐射采暖系统

7.6.4　加热管和管路系统

（1）加热管

采暖常用的管材有钢管、铜管和塑料管。由于塑料管具有无接头、容易弯曲、易于施工等优点，工程中经常选用塑料管。常用的塑料管有交联聚乙烯 PEX 管、改性聚丙烯 PP-C 管、聚丁烯 PB 管和交联聚乙烯铝塑复合管 XPAP。具有抗老化、耐腐蚀、不结垢、承压高、无环境污染、不易渗漏、水阻力及膨胀系数小等特点，在 50℃环境下使用可达 50 年。

不论采用什么管材，管件和管材的内外壁应平整、光滑，无气泡、裂口、裂纹、脱皮和明显痕纹、凹陷；管件和管材颜色应一致，无色泽不均匀；装卸运输和搬运时应小心轻放，不能受到剧烈碰撞和尖锐物体冲击，不能抛、摔、滚、拖，避免接触油污，在储存和施工过程中要严防泥土和杂物进入管内，存放处避免直射。铜制金属连接件与管材之间的连接结构形式宜为卡套式或卡压式夹紧结构。连接件的物理力学性能测试应采用管道系统适用性试验的方法，管道系统适用性试验条件及要求应符合管材国家现行标准的规定。

（2）管路布置系统

加热管采取不同布置形式时，导致的地面温度分布是不同的。布管时，应本着保证地面温度均匀的原则进行，宜将高温管段优先布置于外窗、外墙侧，使室内温度分布尽可能均匀。加热管的布置形式很多，通常有以下几种形式，如图7-27所示。

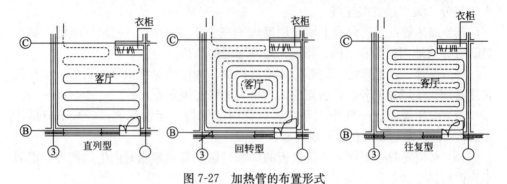

图 7-27　加热管的布置形式

7.6.5　低温热水辐射地板施工

（1）地面构造

根据目前国内外低温热水地板辐射采暖系统的现状，推荐一种普遍采用的地面构造形式。如图7-28、图7-29所示。

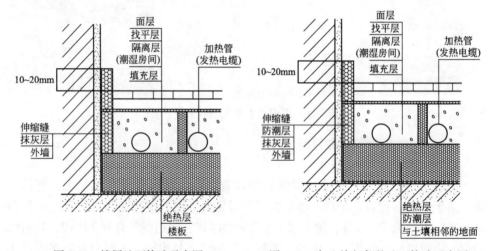

图 7-28　楼层地面构造示意图　　　图 7-29　与土壤相邻的地面构造示意图

地面构造由楼板或与土壤相邻的地面、绝热层、加热管、填充层、找平层和面层组成，并应符合下列规定：

1）当工程允许地面按双向散热进行设计时，各楼层间的楼板上部可不设绝热层；

2）对卫生间、洗衣间、浴室和游泳馆等潮湿房间，在填充层上部应设置隔离层；

3）与土壤相邻的地面，必须设绝热层，且绝热层下部必须设置防潮层。直接与塞外空气相邻的楼板，必须设绝热层。

地面辐射采暖系统绝热层采用聚苯乙烯泡沫塑料板（如图7-30所示）时，其厚度不应小于表7-6的规定值；采用其他绝热材料时，可根据热阻相当的原则确定厚度。为了减少无效热损失和相邻用户之间的传热量，表7-6给出了绝热层的最小厚度，当工程条件允许时，宜在此基础上再增加10mm左右。

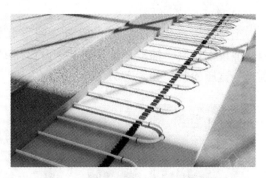

图7-30　聚苯乙烯泡沫塑料板绝热层

聚苯乙烯泡沫塑料板绝热层厚度(mm)　　　　　　　　　　　表7-6

楼层之间楼板上的绝热层	20
与土壤或不采暖房间相邻的地板上的绝热层	30
与室外空气相邻的地板上的绝热层	40

（2）地板辐射采暖系统的施工安装

1）施工安装前应具备的工作条件：

a）地板辐射采暖设计图纸及其他技术文件齐全，施工前已经过设计、施工技术人员、建设单位进行图纸会审，地板辐射采暖工程施工方案经审批并进行了技术、质量、安全交底。

b）机具和施工力量等已准备就绪，且能保证正常施工。材料已全进场，电源、水源可以保证连续施工，有排放地下水的地点。管道工程必须在入冬之前完成，冬季不宜施工。

c）低温地板辐射采暖系统安装的施工队伍必须持有资质证书，施工人员必须经过培训。机械接口施工人员必须经过专业操作培训，持证上岗。

d）建筑工程主体已基本完成，且屋面已封顶，室内装修的吊顶、抹灰已完成，与地面施工同时进行。设置于楼板上（装饰面下）的供回水干管地面凹槽，已配合土建预留。

e）室内粗装修完毕，待铺管地面平整、清洁，平整度要求：1m靠尺检查，高低差不超过8mm。

f）施工现场、施工用水、用电、材料储放场地等临时设施能够满足施工要求，施工环境温度不宜低于5℃。

g）安装人员应熟悉管材的一般性能，掌握基本操作要点，安装过程中防止油漆、沥青或其他化学溶剂污染塑料管道。

h）地热塑料管材铺设前，检查管道内外是否粘有污垢和杂物。

i）地板采暖工程中使用的主要材料、设备及成品或半成品，应有符合国家或部颁现行标准的技术质量鉴定文件或产品合格证。

j）所有地板内的孔洞应在供暖管道铺设之前打好，以免任何此后的钻孔操作。

2）施工工艺流程：

土建结构具备地暖施工作业面→固定分集水器→粘贴边角保温→铺设聚苯板→铺设钢丝网→铺设盘管并固定→设置伸缩缝、伸缩套管→中间试压→回填混凝土→试压验收。如图 7-31 所示。

流程1 铺保温层　　　流程2 铺反射层　　　流程3 安装分水器　　　流程4 盘地热管

流程5 盘管实样　　　流程6 打压验收　　　流程7 回填砂石　　　流程8 找平地面

图 7-31　地板辐射采暖系统施工工序

a）楼地面找平层应检验完毕。地板供暖工程施工前要求地面平整，无任何凹凸不平及沙石碎块，钢筋头等现象。因此，要求土建方做水泥砂浆找平层，将地面清扫干净及干燥。

b）分、集水器用 4 个膨胀螺栓水平固定在墙面上，安装要端正，牢固。

c）用乳胶将 10mm 边角保温板沿墙粘贴，要求粘贴平整，搭接严密。

d）在找平层上铺设保温层（如 2cm 厚聚苯保温板、保温卷材或进口保温膜等），板缝处用胶粘贴牢固，在保温层上铺设铝箔纸或粘一层带坐标分格线的复合镀铝聚酯膜，保温层要铺设平整。

e）在铝箔纸上铺设一层 ϕ2mm 钢丝网，间距 100mm×100mm，规格 2m×1m，铺设要严整严密，钢网间用扎带捆扎，不平或翘曲的部位用钢钉固定在楼板上。设置防水层的房间如卫生间、厨房等固定钢丝网时不允许打钉，管材或钢网翘曲时应采取措施防止管材露出混凝土表面。

f）按设计要求间距将加热管（PEX 管、PP-C 管或 PB 管、XPAP 管），用塑料管卡将管子固定在苯板上，固定点间距不大于 500mm（按管长方向），大于 90°的弯曲管段的两端和中点均应固定。管子弯曲半径不宜小于管外径的 8 倍。安装过程中要防止管道被污染，每回路加热管铺设完毕，要及时封堵管口。加热盘管铺设的顺序是从远到近逐个环圈铺设，凡是加热盘管穿地面膨胀缝处，一律用膨胀条将分割成若干块地面隔开来，加热盘管在此处均须加伸缩节，伸缩节为加热盘管专用伸缩节，其接口连接以加热管品种确定，如图 7-32 所示。

g）检查铺设的加热管有无损伤、管间距是否符合设计要求后，进行水压试验，从注水排气阀注入清水进行水压试验，试验压力为工作压力的 1.5～2

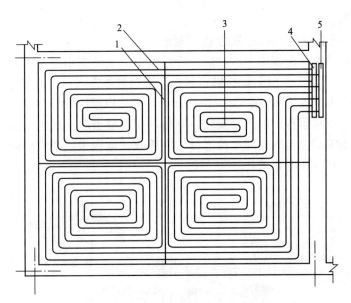

图 7-32　地热管路平面布置
1—膨胀带；2—伸缩节；3—加热管；4、5—分、集水器

倍，但不小于 0.6MPa，稳压 1 小时内压力降不大于 0.05MPa，且不渗不漏为合格。

h）辐射供暖地板当边长超过 8m 或面积超过 40m² 时，要设置伸缩缝，缝的尺寸为 5～8mm，高度同细石混凝土垫层。塑料管穿越伸缩缝时，应设置长度不小于 400mm 的柔性套管。在分水器及加热管道密集处，管外用不短于 1000mm 的波纹管保护，以降低混凝土热膨胀。在缝中填充弹性膨胀膏（或进口弹性密封胶）。

i）加热管验收合格后，回填豆石混凝土。豆石混凝土的强度不应低于 C20，加入防龟裂乳剂是增强豆石混凝土层抗压强度及防止龟裂、老化。加热管保持不小于 0.4MPa 的压力；垫层应用人工抹压密实，不得用机械振捣，不许踩压已铺设好的管道，施工时应派专人日夜看护，垫层达到养护期后，管道系统方允许泄压。

j）分水器进水处装设过滤器，防止异物进入地板管道环路，水源要选用清洁水。

k）抹水泥砂浆找平，做地面。

l）立管与分集水器连接后，应进行系统试压。试验压力为系统顶点工作压力加 0.2MPa，且不小于 0.6MPa，10min 内压力降不大于 0.02MPa，降至工作压力后，不渗不漏为合格。

注意在打压试验时，为使地热管不长时间暴露，应及时验收。回填混凝土后，其他单位不能在采暖地面打洞或重载，若重载（含搭设脚手架）应铺设跳板。浇灌混凝土时，不要使砂浆进入保温层及沿墙隔热材料的接缝处。自地热管铺设至混凝土终凝前，应进行成品保护，禁止穿硬底鞋在盘管上面行走，堆放材料及设备，以免损伤管材。

7.6.6 低温辐射地板质量检验与验收

供热支管后的分配器竣工验收后，应对整个供水环路水温及水力平衡进行调试，如图 7-33 所示。采暖向地板供水时，应选用预热方式，供热水温不得骤然升高，初始供水温度应为 20～25℃，保持 3 天，然后以最高设计温度保持 4 天，并以≤50℃水温正常运行。加热管安装完毕后，在混凝土填充层施工前应按隐蔽工程要求，由施工单位会同监理单位进行中间验收。地板采暖系统中间验收时，下列项目应达到相应技术要求：

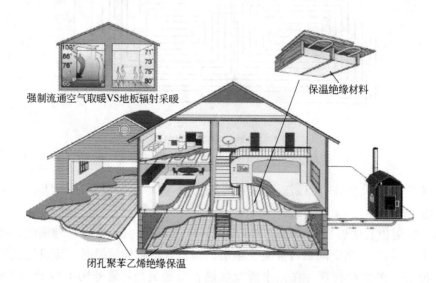

强制流通空气取暖VS地板辐射采暖

保温绝缘材料

闭孔聚苯乙烯绝缘保温

图 7-33　不同布排形式的地板辐射采暖示意图

（1）绝热层的厚度、材料的物理性能及铺设应符合设计要求；

（2）加热管或发热电缆的材料、规格及敷设间距、弯曲半径等应符合设计要求，并应可靠固定；

（3）伸缩缝应按设计要求敷设完毕；

（4）加热管与分水器、集水器的连接处应无渗漏；

（5）填充层内加热管不应有接头；埋置于混凝土或粉刷层中的排管，禁止使用丝扣和法兰连接；

（6）分水器、集水器及其连接件等安装后应有成品保护措施。

管道安装工程施工技术要求及允许偏差应符合表 7-7 的规定；原始地面、填充层、面层施工技术要求及允许偏差应符合表 7-8 的规定。

管道安装工程施工技术要求及允许偏差　　　　　表 7-7

序号	项目	条件	技术要求	允许偏差（mm）
1	绝热层	接合	无缝隙	—
		厚度	—	+10
2	加热管安装	间距	不宜大于300mm	±10

序号	项目	条件	技术要求	允许偏差(mm)
3	加热管弯曲半径	塑料管及铝塑管	不小于6倍管外径	−5
		铜管	不小于5倍管外径	−5
4	加热管固定点间距	直管	不大于700mm	±10
		弯管	不大于300mm	
5	分水器、集水器安装	垂直间距	200mm	±10

原始地面、填充层、面层施工技术要求及允许偏差　　　　　表7-8

序号	项目	条件	技术要求	允许偏差(mm)
1	原始地面	铺绝热层前	平整	—
2	填充层	骨料	$\phi \leqslant 12mm$	−2
		厚度	不宜大于50mm	±4
		面积大于30m² 或长度大于6m	留8mm伸缩缝	+2
		与内外墙、柱等垂直部件	留10mm伸缩缝	+2
3	面层	与内外墙、柱等垂直部件	留10mm伸缩缝	+2
			面层为木地板时，留大于或等于14mm伸缩缝	+2

注：原始地面允许偏差应满足相应土建施工标准。

一般情况下，低温热水系统进行检查和验收的内容如下：

1) 管道、分水器、集水器、阀门、配件、绝热材料等的质量；

2) 原始地面、填充层、面层等施工质量；

3) 管道、阀门等安装质量；

4) 隐蔽前、后水压试验；

5) 管路冲洗；

6) 系统试运行。

低温热水辐射地板采暖成功解决了高空间、大跨度、矮窗式建筑物的热源紧张问题，如展览馆、厅堂提高了采暖的舒适度，改善生活质量。传统的采暖方式上热下凉，给人们口舌干燥的感觉。低温地板辐射采暖给人脚暖头凉的舒适感，低温地板采暖符合人体的生理学调节特点及理想感受，促进人体血液循环。

项 目 小 结

本项目通过对采暖系统节能的介绍，要求学习者遵循科学的设计和施工方法，了解热计量和收费制度。强调在学习过程中应注意对相关资料的收集，特别是新规范的学习和理解，熟悉设计和施工过程中的细节处理，对照相关标准，掌握验收程序和质量检验标准。辐射采暖是今后采暖系统的主要发展方向之一，学习者可通过工学结合的方式进行系统学习。

思 考 题

1. 采暖居住建筑的选址应注意哪些事项?
2. 什么叫采暖"三联供"技术?
3. 请阐述水力平衡对采暖节能的意义。
4. 简述低温热水地板辐射地板系统的原理。施工安装前应具备哪些条件?

项目8 建筑空调节能

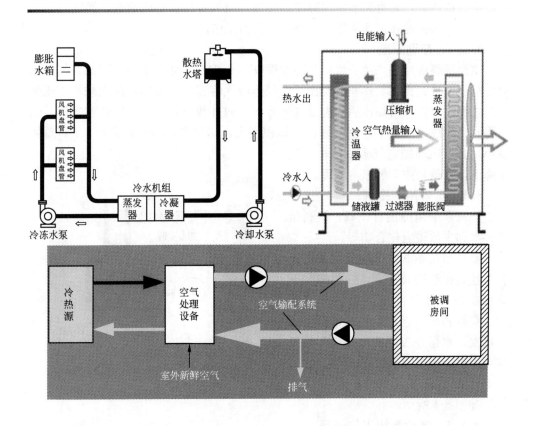

项 目 概 要

本项目共分为6节内容，依次介绍了空调基础知识、空调节能基本规律、分散空调方式的节能技术、中央空调节能技术、高大空间建筑物空调节能技术以及蓄冷空调系统。本章重点是掌握空调节能的基本规律、分散空调节能技术以及中央空调的节能技术。在学习过程中，应将书本理论知识与实践知识结合起来，认真分析节能原理，做到举一反三。学习者应加强课外学习，在掌握书本中空调节能知识的基础上，努力拓展和补充空调的最新节能知识。

8.1 空调基础知识

空调是空气调节器的简称，主要作用是制冷，即人为制造凉爽。空调是一种电器类空调器具，具有调节空气温度和湿度，空气过滤、空气流通、换气和通风等功能，使人们能在清新舒适的环境中生活和工作。

8.1.1 空调原理

空调的终极原理来源于气体状态方程（$PV=nRT$），由气态方程可知，气体的温度与压强成正比，与体积成反比。将气体吸入容器内，加压，体积减小，压强增大，温度升高。对加压后的高温气体冷却，向外放热，得到高压低温气体，然后将此气体放出空气中，该气体由于体积增大，压强急剧减小到常压，PV 总体减小，必然向周围空气吸收热量，温度降低，这就是空调的基本原理。

8.1.2 常用制冷剂

空调常用制冷剂有：氨、氟利昂类、水和少数碳氢化合物等。

氟利昂在零下 30℃时就可大量蒸发，且其化学性质稳定，一般情况下无毒，是一种目前最理想的制冷物质。将氟利昂灌进水箱，在常温下大量蒸发，水箱外表面变冷。氟利昂气体可通过加压或冷却变成液体，压力越高或温度越低，其越容易变成液体，如图 8-1 所示。

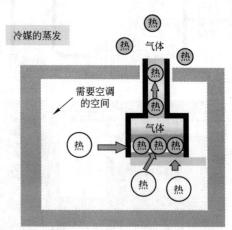

图 8-1 冷媒的蒸发

8.1.3 制冷系统工作原理

空调主要分为四个组成部分：压缩机、冷凝器、节流装置和蒸发器。

空调主要工作过程为蒸发过程、压缩过程、冷凝过程、节流过程，如图 8-2 所示。

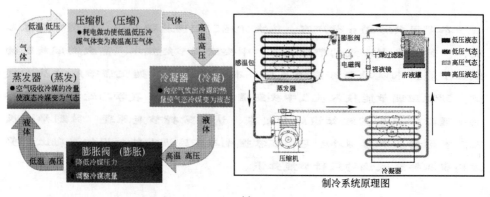

(a)

图 8-2 制冷实物流程图(一)

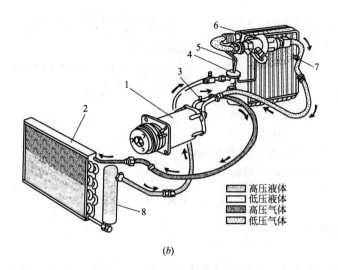

(b)

图 8-2　制冷实物流程图（二）

1—压缩机；2—冷凝器；3—高压维修阀口；4—膨胀阀；5—蒸发器；
6—吸气节流阀；7—低压维修阀口；8—贮液器

　　低压气态氟利昂首先被吸入压缩机，被压缩成高温高压气体氟利昂，气态氟利昂流到室外冷凝器向室外散热，逐渐冷凝成高压液体氟利昂；接着，通过节流装置降压（同时也降温）变成低温低压的气液氟利昂混合物。此时，气液混合的氟利昂就进入室内蒸发器，吸收室内空气中热量使液体氟利昂不断气化，房间温度降低，其又变成低压气体，重新进入压缩机。如此循环往复，空调就可以连续不断地运转工作。

8.1.4　空调匹数、型号和工作环境

（1）空调匹数

　　空调匹数指的是空调消耗功率，"匹"并不指制冷量，日常生活中所说的空调是多少匹，是根据空调消耗功率估算出其制冷量。一般来说，1匹等于2500W的制冷量（也就是25机型），1.5匹约等于3500W的制冷量（也就是35机型）。其余机型以此类推。

（2）空调型号

　　空调的型号通常由英文字母和数字组成（国际准则），这些字母大多是根据汉语拼音的发音而来，如图8-3所示。例如，KFR-35GW/U（DBPZXF）的具体含义是：K—空调；F—分体式；R—热泵式（冷暖空调）；35—空调的制冷量为3500W，G—室内机为壁挂式，W—室外机，U—设计的序列号，D—直流，BP—变频，Z—除菌光，X—双新风，F—负离子。

（3）工作环境

　　单冷空调的工作环境为18～43℃；冷暖空调器的工作环境为－5～43℃。在上述环境温度之外由于空调制热原理所限，空调在一定程度上虽可运转，但效果会大幅下降，且严重影响使用寿命。在使用过程中，需要检查电压是否过低，低于198V以下时，空调不工作或效果下降。

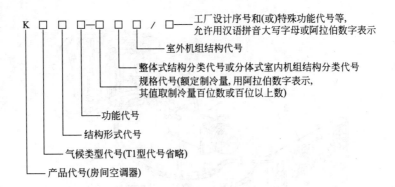

图 8-3　空调型号的表示

（4）空调种类

1）结构

空调按照结构可分为壁挂式（分体）空调、柜式空调、窗式空调和中央空调。

壁挂式空调又称分体空调，由室内机和室外机两部分组成，功率范围多在2200～3600W 之间。室内机组主要都由蒸发器、蒸发器风扇（离心式），毛细管、电控开关组成；室外机组主要由冷凝器、冷凝器风扇（轴流式）组成，制冷剂多使用 R_{22}（二氟一氯甲烷）。

柜式空调结构与壁挂式空调相同，只是室内机的形状和摆放方式类似柜子。

窗式空调室外机与室内机合为一体，通常取代一部分玻璃被安装于窗户上。

2）集中式净化空调系统

集中式净化空调系统（即中央空调）由空气初、中效过滤器与热湿处理设备（风机、冷却器、加热器、加湿器）组成空调箱（空调机），置于空调机房，并用管道与空调室进风口的静压箱及箱内的高效过滤器连接组成的系统。

3）功能

空调按照功能不同可分为单冷型、热泵型和热泵辅助电加热型。

单冷型空调只能制冷，不能制热，适用于冬季不需取暖的南方地区。

热泵型空调可以进行制冷、制热运行，适用于我国绝大部分地区。

冬季环境温度越低主机的工作效率越低，按标准工况设计的空调机组能提供的热量远低于标准工况的热量。为提高机组运行效率和延长机组使用寿命，应增加辅助热源设备，辅助电加热器则是较理想的辅助热源设备。热泵辅助电加热型空调可以进行制冷、制热运行，有电加热管，可在超低温情况下制热，适合寒冷地区使用。

4）工作方式

空调按工作方式不同可分为定频型和变频型。

变频空调在启动时以高频运转，使房间温度迅速达到设定的温度。当达到设定温度时，压缩机将以低转速运转，使房间温度保持在设定值左右，

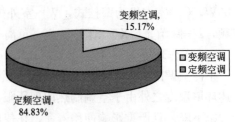

图 8-4　定频与变频市场占有比例

避免空调频繁开停机而费电(空调开机启动阶段电流大，功率消耗也大)。长时间使用变频空调要比定频空调省电，而且变频空调运转平稳，房间温度波动范围小，感觉更加舒适。经实验室测试对比，变频空调开机 7～8 小时，比定频空调约省电近 30%。

5) 使用方式

舒适性空调：以室内人员为服务对象，创造舒适的环境，比如宾馆。

工艺性空调：保护生产设备和产品质量或材料储存，比如车间。

洁净空调：规模大、面积大，单剂型或多剂型同时生产的大厂房，为保证生产正常运行，防止不同操作间之间相互污染和节约能源，宜采用多个净化空调系统。例如对空气中所含尘埃浓度限定的电子工业、生物医药等洁净生产厂房。

6) 空气处理设备位置

按空气处理设备的设置情况有集中式、半集中式和分散式三种净化空调系统。通常说的"中央空调"就是"集中式空调系统"，如图 8-5 所示。

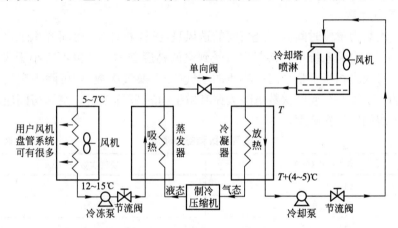

图 8-5 集中式空调系统(中央空调)

集中式净化空调系统由空气初、中效过滤器与热湿处理设备(风机、冷却器、加热器、加湿器)组成空调箱(空调机)，置于空调机房，并用管道与空调室进风口的静压箱及箱内的高效过滤器连接组成的系统。

半集中式空调系统，除有集中的空调机房的空气处理设备处理部分空气外，还有分散在被调节房间的空气处理设备，对来自集中处理设备的空气再进行补充处理，如诱导器系统等。分散式空调系统又称局部空调系统，是指将空气处理设备分散在各个被调节的房间内的系统。目前，集中定风量全空气系统以及新风系统加风机盘管机组的空气水系统两种空调系统在我国应用最为普遍。

7) 室内空调负荷所用的介质种类

按照室内空调负荷所用的介质种类，空调可分为全空气空调系统、全水空调系统、空气-水空调系统以及冷剂式空调系统。

全空气空调系统全部由集中处理的空气来承担，空调房间的室内负荷全部由经过的空气来负担，系统需要的空气量多，风道断面尺寸大。

全水空调系统以水为冷、热媒介,负担空调房间的全部冷、热负荷的空调系统。全水系统是空调房的热湿负荷全部由水来负担。由于水的比热及密度比空气大,所以在室内负荷相同时,需要的水管断面尺寸比风道小。

空气-水空调系统是由经过处理的空气和水共同负担空调负荷。

冷剂式空调系统依靠冷剂蒸发或凝结来承担空调房间负荷。

(5) 空气湿度

空气湿度是指空气中所含水汽的大小,在一定温度条件下,空气相对湿度越小,人体汗液蒸发越快,人感觉越凉快。调节室内湿度是空调一个重要功能。室内比较舒适的气象条件是室温达 25℃时,相对湿度应控制在 40%～50%为宜,室温达 18℃时,相对湿度应控制在 30%～40%。

(6) 满负荷与换气次数

1) 满负荷

空调设备满负荷运作,有利于节能,部分负荷一般会导致能耗增加。空调设备应尽可能让其在满负荷状态下工作并发挥效益。

2) 换气次数

换气次数为单位时间内流经房间的送风量(按体积计)与房间容积之比值,单位为次/h。在空调系统中,换气次数受到空调精度制约,其值不宜小于表 8-1 所列数值。每换去相当于整个房间容积的空气(一个换气次数),可除去空气中原有微生物的 60%,5 个换气次数可除去原有微生物的 99%左右。空调房间应加强换气,保证房间空气新鲜度。

换气次数和空调精度   表 8-1

空气精度(℃)	换气次数(次/h)
±1	5
±0.5	8
±0.1～0.2	12

8.2 空调节能基本规律

8.2.1 空调负荷影响因素

太阳辐射经过围护墙体及门窗时,除一部分被内部围护结构吸收外,都将成为空调负荷。空调日冷负荷、空调运行负荷以及空调运行能耗是空调负荷中的关键问题。空调日冷负荷(即空调容量)指空调冷负荷的峰值,即最大值。空调运行负荷是指维持室内恒定的设计温度,需由空调设备从室内除去的热量。空调运行能耗是指在某种条件下的(连续、间歇)空调,为将室温维持在允许的波动范围内,需从室内除去的热量。

(1) 围护结构的热阻和蓄热性能

对于任何位置和朝向的空调房间,外墙和屋顶的蓄热能力对空调负荷影响极小，即热阻作用大于蓄热能力，即采用热阻较大，蓄热能力较小的轻质围护结构以及内保温的构造做法，对空调建筑的节能有利。在空调建筑中，当窗墙比一定时，增加顶层房间屋顶热阻，其节能效果非常明显。

（2）房间朝向及蓄热能力

由于顶层及东西向房间的空调负荷大于南北方向，空调房间应避开顶层设置及东西方向。如果允许室内温度有一定的波动，增加围护结构的蓄热能力（蓄热也可理解为蓄冷），对降低空调能耗具有重要措施。

（3）窗墙面积比、遮阳及空气渗透

空调设计日冷负荷和运行负荷随着窗墙面积增大而增加，尤其是东西向大面积窗户对空调建筑极为不利。提高窗户遮阳性能可大幅度降低空调负荷，特别是运行负荷。此外，加强窗户气密性对空调节能也有积极作用。

8.2.2 空调节能设计

空调建筑在进行设计时，应符合下列原则：

（1）围护结构的传热特性应符合设计规范要求，且应尽量避免太阳直射；尽量避免东西朝向；间歇使用的空调建筑，围护结构内侧宜采用轻质材料，连续使用，则应采用厚重材料。

（2）空调房应集中布置、上下对齐，温湿度要求相近的相邻布置。

（3）空调应避免布置在转角处（外表面为与室外接触）、顶层以及伸缩缝处。当布置顶层，须有良好的保温措施。

（4）外表面许可情况下，尽可能减小，且宜采用浅色，尽量避免黑色。

（5）外窗应尽可能减小，窗墙比不得超过 0.30 和 0.40（双层窗）。避免东西向窗户向阳或东西向窗户宜采用热反射玻璃及有效的遮阳措施，外窗气密性应达到 3 级水平。

8.2.3 空调房屋节能途径

空调房屋节能首先取决于围护结构节能水平，其次，有赖于空调设备节能率的提高和运行管理。具体来讲，空调房屋节能可从以下几个方面进行改善：

（1）空调系统与建筑物形式和围护功能的统一：通过建筑物本身隔热保温性能的改善，可相应减少空调空气处理的能耗；

（2）空调运行：充分使空调运行在其自身的最佳效率状态；

（3）空调方式：采用分层空调，高层区域不需要制冷；

（4）蓄冷空调：充分利用峰谷电的低成本；

（5）空调设备：低能耗。

8.2.4 集中式空调的节能途径

所谓集中空调由指集中冷热源、空气处理机组、末端设备和输送管道所组成，集中空调方式使用广泛，耗能巨大，是空调设备节能的重点。

（1）空调设备的高效节能

空调设备的高效节能是集中式空调必不可少的措施，而组合式空调机组是集中空调方式的主要设备，应从以下 4 个方面进行节能改进。

1）机组风量风压匹配，尽量使空调设备在最佳经济点运行；

2）机组整机漏风要少，漏风毫无疑问会带来能量遗失和浪费；

3）空气热回收设备的利用。所谓"空气热回收设备"是两种不同状态的空气同时进行热湿交换的设备，尽可能回收空调系统排风带走的能量，一般可节省新风负荷量70％；

4）在空调系统中采用太阳能驱动。

（2）空调系统和室内送风方式

1）公共建筑

公共建筑一般人员较多，比如商场和电影院。首先采用高速喷口诱导送风方式。高速喷口诱导送风方式送风速度大，诱导室内空气量多，送风射程长，加大送风温差，减少送风量，节省能量；其次采用分层空调，充分利用空气密度随垂直方向温度变化而自然分层的现象，仅对下部工作区域进行调节。最后，采用下送风方式或坐椅送风方式，由房间下部或座椅风口向上送风，只考虑工作区或人员所处的负荷，直接将冷风送入需要空调部位，适应于影视院等场所。

2）现代化办公、商务服务建筑群以及宾馆

现代化办公和商务服务建筑群等由于商务办公需要，对节能有特殊要求。首先，可采用新风机组加末端风机盘管机组。其次是变风量空调方式，按照各个空调房间负荷大小和相应室内温度变化，自动调节各自送风量，达到所要求的空气参数。

8.3 分散空调方式的节能技术

制冷技术的发展使分散空调方式使用的空调器具有优良的节能特性，但在使用中能否节能，还要依靠能否节能地使用。

8.3.1 正确选择空调器的容量大小

空调容量大小是依据其在实际建筑环境中承担的负荷大小来选择，空调容量过大，会造成使用中频繁启停，室内温度波动大，电能浪费和初投资过大。如果容量过小，则不能满足基本制冷需求。空调负荷受很多因素影响，包括围护结构负荷、人员负荷、室内照明负荷、室内电器设备负荷等。

8.3.2 正确安装

空调耗电量与空调的合理布置有一定关系。空调安装应综合考虑阳光直射与遮篷、障碍物、附加风管、窄长房间、油污、室外机安装的要求等因素。具体如图8-6和图8-7所示。

8.3.3 合理使用

合理使用空调在空调系统节能中是一个十分重要的问题。

（1）设定适宜温度

正常情况下，会使人感觉舒服的环境温度为：夏季环境温度22～28℃，相对湿度40％～70％；冬季环境温度为16～22℃，相对湿度高于30％。夏季室内设定温度每提高1℃，一般空调可减少5％～10％用电量。

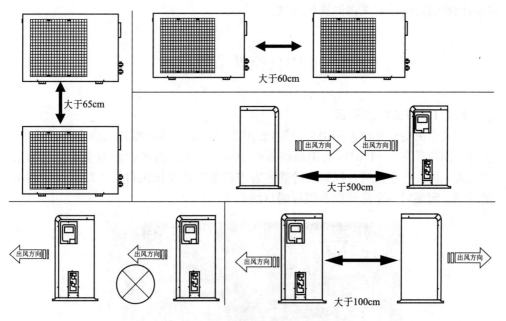

图 8-6 空调室外机安装布置具体要求

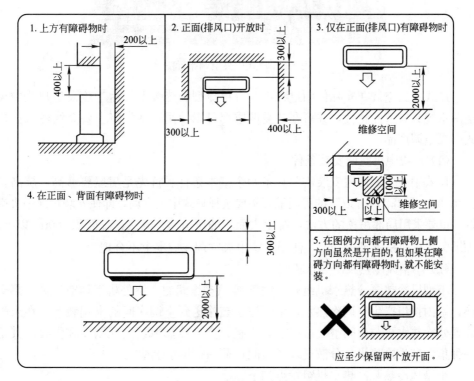

图 8-7 室外机组所必要的周围空间详细距离（单位：mm）

（2）加强通风

必要通风是保持室内健康空气质量的关键。针对通风的最佳时段，通常可在早晚比较凉爽的时候开窗换气，或在没有阳光直射的时候通风换气，也可选用具有热回收装置的设备来强制通风换气。

8.4 中央空调节能技术

8.4.1 户式中央空调

户式中央空调又称家用中央空调(如图 8-8),是一种小型化的独立空调系统,主要指制冷量在 8~40kW(实用居住面积 100~400m²)的集中处理空调负荷的系统形式,由一台主机通过风管或冷热水管连接多个末端出风口并将冷暖气送到不同区域,实现对多个房间调节温度的目的。

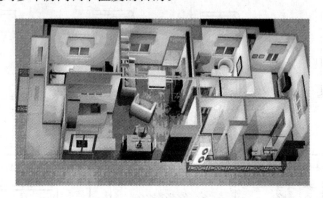

图 8-8 户式中央空调布置图

户式中央空调在实际使用过程中,有单冷型和热泵型,由于热泵型户式中央空调系统具有节能特性,并可在冬夏两季都可以使用,本章将主要介绍热泵型户式中央空调产品。

(1) 户式中央空调安装条件

户式中央空调房屋安装需要具备两个基本条件。首先是房屋要够高,层高至少 2.7m,层高 2.7m 以下的房屋最好不要选择户式中央空调,即使安装户式中央空调,也要采用局部吊顶的方法,避免大面积的压迫感。其次,总面积 100m² 以上。如果房屋总面积不足 100m²,使用户式中央空调在成本上不合理。

(2) 小型风冷热泵冷热水机组

小型风冷热泵冷热水机组属于空气-空气热泵机组,室外机组靠空气进行热交换,室内机组产生空调冷热水,由管道系统输送到空调房间的末端装置,在末端装置处冷热水再与房间空气进行热量交换,产生冷热风,实现制冷和供暖。其是一种集中产生冷热水,分散处理各房间负荷的空调系统型式。

小型风冷热泵冷热水机组特点如下:

1) 机组体积小,安装方便;

2) 冷热管所占空间小,不受层高限制;

3) 单独调节:由于室内末端装置多为风机盘管,一般有风机调速和水量旁通等调节措施,每个房间可进行单独调节;

4）室内噪声小：小型风冷热泵冷热水机组性能系数不高，主机容量调节性能较差，特别是部分负荷性能较差，且绝大多数情况采用启停控制，部分性能系数低，因而造成运行和能耗费用更高。

（3）风冷热泵管道式分体空调全空气系统

风冷热泵管道式分体空调全空气系统利用风冷热泵管道式分体空调机组为主机，属空气-空气热泵。室外机组产生的冷热量，通过室内机组将室内回风（或回风和新风的混合气）进行冷却和加热处理后，通过风管送入空调房间消除冷热负荷。风冷热泵管道式分体空调全空气系统特点如下：

1）获得高质量的室内空气品质，在过渡季节可以利用室外新风实现全新风运行；

2）能效比不高，调节性能差；

3）需要在房间内布置风管，对建筑层高要求较高，占用一定的空间；

4）室内噪声大，在 50dB 以上，需采取消声措施；

5）相对于其他集中户式中央空调，其造价较低；

6）运行费用高，尤其是采用变风量末端装置，使系统的初步投资大大提升。

（4）多联变频变制冷剂流量热泵空调系统（VRV）

VRV 代表变制冷剂流量（Varied Refrigerant Volume）（如图 8-9 所示），制冷剂式空调系统，以制冷剂为输送介质，属于空气-空气热泵。室外机和室内机通过制冷剂管路连接，室外机有室外侧换热器、压缩机和制冷附件组成，可通过管路向多个室内机输送制冷剂。VRV 系统运行时，特点如下：

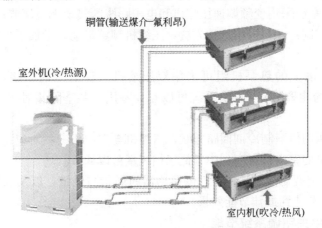

铜管(输送煤介—氟利昂)

室外机(冷/热源)

室内机(吹冷/热风)

图 8-9 多联变频变制冷剂流量热泵空调系统

1）可通过控制压缩机的制冷剂循环量和进入室内各个换热器的制冷剂流量，适时满足空调房间需求；依据室内负荷在不同转速下连续运行，减少因压缩机频繁启停造成的能量损失，可提供 10%～100%无级容量调节，部分负荷能效比高，运行费用低；

2）运行噪声低，舒适感强，使用于独立的住宅，也可用于集合式住宅；

3）制冷剂管路小，便于埋墙安装和进行伪装；

4）初步投资高，是户式空调的 2～3 倍；

5）系统施工难度高，材质、制造工艺、配件供应到现场焊接要求极为严格；

6）室外环境温度低于7℃时，制热效果有衰减；

7）制热时出风干燥，人体感觉烦闷，制热舒适性不高。

（5）水源热泵系统

水源热泵系统由水源热泵机组和水环路组成，属于直接加热或冷却的水-空气系统，机组室内侧产生冷热水输送到空调房间的末端装置，对空气进行进行处理的水-水系统。水源热泵可以利用水作为低位热源，可以利用江河湖水、地下水、废水或与土壤耦合换热的循环水，特点如下：

1）能效比高；解决了风冷机组冬季室外结露、随室外气温降低供热需求上升而制热能力反而下降的供需矛盾；

2）水源热泵可按栋建设，也可单独户设置；

3）其采用的塑料管制作的换热器寿命可达50年以上；

4）要有适宜的水源、冬季需要辅助热源、土壤源热泵系统的造价较高。

（6）户式中央空调能耗分析

户式中央空调系统在运行过程中，热泵机组在使用寿命期间的能耗费用，一般是初始投资的5～10倍。由于户式中央空调大都在部分负荷下运行，应特别重视其部分负荷性指标。户式中央空调机组具有良好的能量调节措施，能提高机组的部分负荷效率和节能，对延长机组的使用寿命、提高其可靠性也有好处。户式中央空调系统能量调节方式如下：

1）VRV系统采用变频调速压缩机和电子膨胀阀实现无级调节；

2）开关控制：90%采用这种方法，压缩机频繁启动，增加了能耗，降低了使用寿命；

3）20kW以上的热泵机组可采用双压缩机、双制冷剂回路，能够实现0、50%、100%的能量调节，两套系统可以互为备用，冬季除霜时可以提供50%的供热量；

4）多台压缩机与制冷剂回路并联，压缩机与室内机一一对应；

5）管道机的室内机有高、中、低三档风量可以调节。

户式中央空调需注意选择空气侧换热器的形状与风量，以及水侧换热器的制作与安装，以期达到最佳节能效果。

8.4.2 中央空调系统节能

（1）中央空调系统组成

中央空调系统从功能上讲，由三部分组成：冷冻水循环系统、冷却水循环部分以及主机，如图8-10所示。

1）冷冻水循环系统

该部分由冷冻泵、室内风机及冷冻水管道等组成。从主机蒸发器流出的低温冷冻水由冷冻泵加压送入冷冻水管道（出水），进入室内进行热交换，带走房间内的热量，最后回到主机蒸发器（回水）。室内风机用于将空气吹过冷冻水管道，降低空气温度，加速室内热交换。

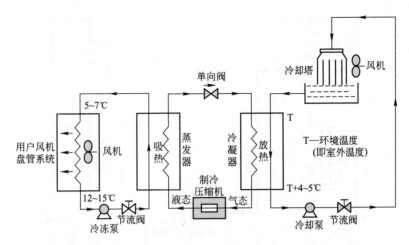

图 8-10　中央空调系统

2）冷却水循环部分

该部分由冷却泵、冷却水管道、冷却水塔及冷凝器等组成。冷冻水循环系统进行室内热交换的同时，带走室内大量的热能。该热能通过主机内的冷媒传递给冷却水，使冷却水温度升高。冷却泵将升温后的冷却水压入冷却水塔（出水），使之与大气进行热交换，降低温度后再送回主机冷凝器（回水）。

3）主机

主机部分由压缩机、蒸发器、冷凝器及冷媒（制冷剂）等组成，工作循环过程如下：首先低压气态冷媒被压缩机加压进入冷凝器并逐渐冷凝成高压液体。在冷凝过程中冷媒会释放出大量热能，这部分热能被冷凝器中的冷却水吸收并送到室外的冷却塔上，最终释放到大气中去。随后冷凝器中的高压液态冷媒在流经蒸发器前的节流降压装置时，因为压力的突变而气化，形成气液混合物进入蒸发器。冷媒在蒸发器中不断气化，同时会吸收冷冻水中的热量使其达到较低温度。最后，蒸发器中气化后的冷媒又变成了低压气体，重新进入压缩机，如此循环往复。

（2）中央空调系统原理

中央空调系统原理有风系统工作原理、水系统工作原理、盘管系统工作原理等，如图 8-11 所示。下面将主要介绍新风系统工作、盘管系统工作原理以及风管积尘原因。

1）新风系统工作

室外新鲜空气受到风处理机的吸引进入风柜，经过滤降温除湿后由风道送入每个房间，此时新风不能满足室内的热湿负荷，仅满足室内所需新风量，随着室内风机盘管处理室内空气热湿负荷，多余空气通过回风机按阀门开启比例部分排出室外，部分返回进风口处再次循环利用。

2）盘管系统工作

室内的风机盘管工作时吸入一部分由风柜处理后的新风，再吸入一部分室内未处理的空气经过工艺处理后，由风口送出能够吸收室内余热余湿的冷空气，使室内温度湿度达到所需要的标准，并循环工作。

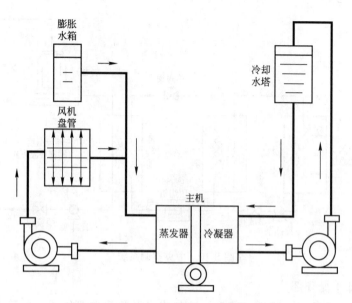

图 8-11　中央空调系统原理流程图

3) 风管积尘

大多数粗精效过滤网仅能过滤 $3\mu m$ 以上的悬浮颗粒物，微细颗粒物随风直接进入风管，由于风管内表面实际粗糙度远远高于微细颗粒物的大小，微细的颗粒物随着空气与风管内壁相互碰撞摩擦产生静电吸附越积越多，从而导致风管内壁的粗糙度越来越大，灰尘粘附加速进行，如此长年累月形成较厚积尘。

(3) 大型中央空调系统节能

大型中央空调系统节能主要由两个方面：首先硬件建造方面应采用合理的设计并进行正确的安装；其次，依靠科学的运行管理。

1) 系统负荷设计

制冷负荷指标在设计时往往偏大，"大马拉小车"的现象非常严重。设计应认真进行负荷分析计算，力求与实际需求相符。在进行节能参数设计时，夏季室内温度每降低 1℃ 或冬季升高 1℃，空调工程投资将增加 6%，其能耗将增加 8%，相对湿度的设计值以及温湿度参数的合理搭配也是降低设计负荷的重要途径，特别是在新风量要求较大的场合，适当提高相对湿度，可大大降低设计负荷。在标准范围内，提高相对湿度设计值对人体的舒适影响甚微。

新风负荷一般占到空调总负荷 30% 以上。在满足卫生条件的前提下，减小新风量，有显著的节能效果。向室内引入新风，是为了稀释各种有害气体，保证人体健康。加装热交换系统是减少新风负荷的一项有效措施。

2) 冷热源节能

冷热源在中央空调系统中被称为主机，其能耗是构成系统总能耗的主要部分。冷热源常用的有水源热泵、电制冷＋燃气锅炉、溴化锂直燃机等。冷热源消耗的能源包括电能、轻油、煤等。衡量冷热源节能可采用一次能源效率来衡量。在各种冷热源中水源热泵系统是惟一一种制热效率大于 100% 的系统。

在不同条件下采用各种冷热源方式的运转费用会产生差异，在选择冷热源时，应考虑到所处地区的地下水资源情况、电价、天然气价格，还应考虑到采用不同空调方式的工程造价及对建筑环境的要求和影响。

3) 冷热源的部分负荷性能及台数配置

冷热源所提供的冷热量绝大多数情况下都小于负荷的 80%，属于部分负荷运行，因此，必须特别重视机组的部分负荷性能。根据建筑物负荷的变化合理地配置机组的台数及容量大小，使设备尽可能满负荷高效工作，提高节能水平。冷热源机组宜选用 2~3 台，冷热负荷较大时不应超过 4 台。单机运行时容量大小应合理搭配，保证各单机能尽可能接近满负荷状态运行。

（4）水系统节能

空调水系统冬季供暖期用电约占动力用电 20%~50%，夏季供冷期约占动力用电 12%~24%，降低空调水系统输配用电是中央空调系统节能的重要环节。我国空调水系统普遍存在大流量小温差问题，冬季供暖水系统的供回水温差较好情况只有 8~10℃，较差情况也只有 3℃，夏季冷冻水系统的供回水温差较好情况也只有 3℃左右，浪费极为严重。可从以下几个方面采取节能措施：

1) 水力平衡计算

应对空调水系统，不论是建筑物内的管路，还是建筑物之外的室外管网，均需按设计规范要求进行认真计算，使各个环路之间符合水力平衡要求。系统投入运行前必须进行调试。设计时，必须设置能够准确进行调试的技术手段，例如在各环路中设置平衡阀，确保各环路之间在运行中达到较好的水力平衡。

2) 设置二次泵

如果某个或某几个支环路比其余环路压差相差悬殊，则这些环路就应增设二次循环水泵，以避免整个系统为满足这些少数高阻力环路需求，而选用高扬程总循环的水泵。

3) 变流量水系统

用户冷需求随季节发生明显周期变化，可通过调节二通阀改变流经末端设备的冷冻水流量来适应末端用户负荷变化，从而维持供回水温差稳定在设计值。采取一定手段，使系统总循环水量与末端需求量基本一致；保持通过冷水机组蒸发器水流量基本不变，从而维持蒸发温度和蒸发压力稳定。

（5）风系统节能

风系统主要耗能设备是风机。风机作用是促使被处理空气流经末端设备时进行强制对流换热，将冷水携带的冷量取出，并输出至空调房间，用于消除房间热湿负荷。风系统节能可从以下几个方面进行考虑：

1) 正确选用空气处理设备

根据风机的空调机组风量、风压的匹配，选择最佳状态点运行。另外，应选用漏风量及外形尺寸小的机组。国家标准规定在 700Pa 压力时漏风量不大于 3%。

2) 选用节能性好的风机盘管

3) 设计选用变风量系统

变风量是改变送入房间的风量来满足室内负荷变化的要求，用减小风量来降低风机能耗。由于变风量系统通过调节送入房间的风量来适应负荷的变化，在确定系统总风量时还可考虑同时使用的情况，可节约风机运行能耗和减少风机装机容量，系统灵活性较好。变风量系统可以利用新风消除室内负荷、消除风机盘管凝水问题和霉变问题。

8.4.3 中央空调系统节能新技术

（1）大温差

空调大温差指空调系统的送风、水温差大于常规温差，是相对于空调常规设计的送风、水温差为5℃而言。当媒介携带的冷量加大后，循环流量将减小，可节约一定的输送能耗并降低输送管网初投资。大温差系统可分为大温差送风系统，送风温差可达14～20℃；大温差冷冻水系统，进出口水温差可达6～10℃；大温差冷却水系统，进出口水温差可达6～8℃；此外还有和冰蓄冷相结合的低温送风大温差和冷冻水大温差系统，风侧温差可达17～23℃，水侧温差可达10～15℃等。

（2）冷却塔供冷技术

冷却塔供冷技术也称为免费供冷技术，适用于全年供冷或供冷时间较长的建筑物。冷却塔供冷是在常规空调水系统基础上增设部分管路和设备，当室外湿球温度低到某个值以下时，关闭制冷机组，流经冷却塔的循环冷却水直接或间接向空调系统供冷，提供建筑所需冷负荷，节约冷水机组能耗。冬季或秋季，室外温度较低，大型商场或办公商务楼由于人流和设备密集室内温度比较高，此时应采用冷却塔技术，避免空调使用，节约能源。冷却塔供冷技术分为直接供冷和间接供冷两种方式。

1）直接供冷

冷却塔直接供冷系统，就是一种通过旁通管道将冷冻水环路和冷却水环路连在一起的水系统。当过渡季节室外湿球温度下降到某值时，就可以通过阀门打开旁通，同时关闭制冷机，转入冷却塔供冷模式，继续提供冷量。在设计该类水系统时，要考虑转换供冷模式后冷却水泵的流量和压头与管路系统的匹配。

开式冷却塔直接供冷系统，因水流与大气接触易被污染，造成表冷器盘管被污物阻塞而很少使用。可通过在冷却塔和管路之间设置旁通过滤装置（如图8-12所示），使相5%～10%的水量不断被过滤，以保证水系统的清洁，其效果要优于全流量过滤方式，该环路压力无大的波动。

2）间接供冷

冷却塔间接供冷系统（如图8-13所示）在原有空调水系统中附加一台板式换热器以隔离开冷却水环路和冷冻水环路。在过渡季节切换运行，不影响水泵的工作条件和冷冻水环路的卫生条件。对于多套冷水机组＋冷却塔的供冷系统，还可采用人工制冷和冷却塔

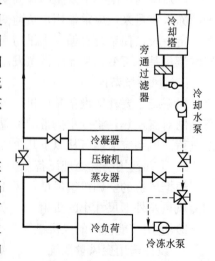

图8-12 冷却塔直接供冷系统

供冷两种模式混合工作，通过控制台数来调节供水温度，挖掘系统工作潜力。

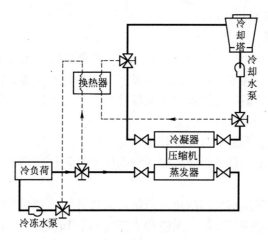

图 8-13　间接供冷系统

8.5　高大空间建筑物空调节能技术

8.5.1　高大空间建筑物

随着人类生存和发展的需求，各国竞相建造了规模宏大的公共建筑，如：电影院、剧场、体育馆、展览馆、空港航站楼、高层建筑等。这些高大空间建筑空间高度在 10m 以上（体育馆、电影院），能耗非常高，但往往并不需要全空间空调，只需要在人活动或工作空间安置空调。高大空间建筑中，空气密度随着垂直方向的温度变化而呈自然分层现象，可利用气流的合理组织，下部工作区域空调，上部大空间不予空调，即分层空调。只要空调气流组织科学，既能保持下部工作区域达到所要求的环境条件，同时又能节能。与全室空调相比可节省能量 14%～50%。分层空调示意如图 8-14 所示。

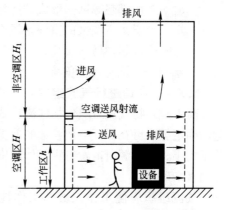

图 8-14　高大建筑物分层空调（单侧通风）

8.5.2　空调分层

空调分层指按控制精度或空调集中区域对建筑空间进行纵向分区为空调区域（下部）和非空调区域（上部）。对于工艺性空调可以工作区的高度 H（或简化为按设备的高度）、舒适性空调以 2.0m 高度为界进行上下分区，上部采用集中通风控制，下部采用集中空调控制，从而减小空调空间和空调系统冷负荷。空调分层高度 H 越低越节能。分层高度可按式（8-1）计算：

$$H = h + y + h_a \tag{8-1}$$

式中　h——工作区高度，m；

　　　y——射流垂直落差，m；

　　　h_a——安全值，对恒温车间取 0.3m。一般舒适性空调可不予考虑。

在冬季，分层空调节能效果并不明显。对于冬夏季余温相同、送风量相同的房间，采用分层空调后，空调系统送风量减小，空调系统冬季所需送风的加湿量也相应减少，但热负荷及总加热量并不一定减小。

8.5.3　分层空调区冷负荷的组成

空调区冷负荷由两部分组成，包括空调区本身得热所形成的冷负荷和热转移负荷。

空调区本身得热所形成的冷负荷包括：通过外围结构(指墙、窗等)得热形成的冷负荷 q_{lw}，内部热源(设备、照明和人等)发热引起的冷负荷 q_{ln}；室外新风或渗漏风造成的冷负荷 q_x。

热转移负荷包括：对流热转移负荷 q_d，辐射热转移负荷 q_f。

辐射热转移负荷包括：$a.$ 非空调区各个面(屋盖、墙和窗等)对地板辐射换热引起的负荷；$b.$ 非空调区各个面对空调区墙体之间辐射换热引起的冷负荷。因此，分层空调的冷负荷组成，可按式(8-2)表示：

$$Q_l = q_{lw} + q_{ln} + q_x + q_f + q_d \tag{8-2}$$

式中　Q_l——空调区的计算冷负荷；

　　　q_{lw}——空调区外围结构传热引起的冷负荷；

　　　q_{ln}——内部热源散热形成的冷负荷；

　　　q_x——送入空调区的室外新风引起的冷负荷；

　　　q_f——辐射热转移负荷；

　　　q_d——对流热转移负荷。

8.5.4　合理进行气流组织

高大建筑物气流组织包括气流形式、风口位置、风口风速、各部分送、排风量的确定等，可在保证空调参数的前提下，根据室内设备和人员的工作地点及散热量大小、污染源所散发有害气体浓度及比重等因素来确定。

气流组织应使工作人员的工作地点处在送风气流的上风侧，新风先送到工作人员所处的地点，再通过污染区，尽量避免工作人员吸入有害气体，使空调区域的送风能够最有效地稀释有害气体，并在维持房间空调参数的同时送风量达到最小。对于采用分层空调的高大建筑物，空调和非空调区域的送风口可以根据散热设备及污染源的位置采用单侧或双侧布置(如图 8-14 和图 8-15)，空调区

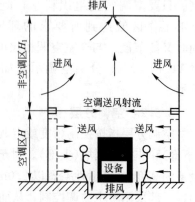

图 8-15　高大建筑物分层空调双侧送风

域的送风口可由射流送风口和均匀送风口组成。射流送风口高度为分层空调高度，风口风速要满足送风射流要求；均匀送风口和排风口要均匀布置，形成单向活塞流。非空调区域排风口布置应有利于空间排风流畅。分层空调设计时，应避免各种外来干扰，比如射流过程中的较大阻碍物会破坏射流的流动规律。

8.6 蓄冷空调系统

8.6.1 空调冷热负荷特点

空调年运行负荷率低，一般达到设计负荷 50% 以下的运行时间占全年运行时间 70%；空调日负荷曲线一般同电网用电负荷曲线同步；空调用电量高峰时达到城市总用电负荷的 25%~30%，加大了电网的峰谷荷用电差。

峰谷电价制度是推动用户移峰填谷一个重要的经济手段，但其不能把人们的作业秩序和生活规律颠倒过来，从根本上改变终端用户的用电方式，蓄冷空调技术能帮助电网有效实行移峰填谷。蓄冷空调是在传统中央冷气空调系统的基础上加装一套蓄冷设备所组成的蓄冷中央冷气空调，在用户终端为电网移峰填谷节约电力，有效解决"白天用电高峰电力不足，晚上有电送不出浪费"的能源用电矛盾，达到节能目的。

8.6.2 蓄冷空调工作原理

蓄冷空调系统(如图 8-16 所示)根据蓄冷介质不同可分为水蓄冷和冰蓄冷。水蓄冷是利用显热蓄冷，冰蓄冷是利用相变潜热蓄冷量，由于蓄冷能力强、效率高，水泵、风机容量较小，目前被广泛应用。冰蓄冷中央空调中以冰球式和冰盘管内融冰系统应用较多。下面以冰球式蓄冷系统为例简要介绍蓄冷空调的工作原理。蓄冰系统的工作过程是由并联蓄冷回路和放冷回路完成。蓄冷回路主要完成蓄冷功能，放冷回路主要完成放冷功能，载冷介质为乙二醇水溶液冷冻液，在放冷回路通过板式换热器与以水为介质的空调用冷冻水分开，从换热器出来的冷冻水进入空调箱作为空调风的冷源。

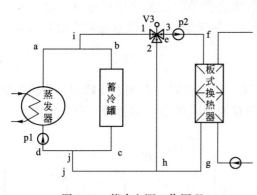

图 8-16 蓄冷空调工作原理

(1) 制冷系统的主体设备是制冷机，使用最多的有活塞式、离心式和螺杆式三种压缩制冷机。蓄冰式空调使用的制冷机要在空调工况和制冰工况两种工况下运行，普通传统空调的离心式制冷机不适用于蓄冰式空调，必须选用双工况制冷机组，螺杆式制冷机的性能更适合作为双工况制冷机。

(2) 蓄冰系统的主体设备是蓄冷罐，罐内堆装着蓄冰球，球壳是由高密度聚合稀烃硬质材料制成的圆球体。当从制冷机蒸发器出来的低于冰球相变温度的载冷剂(冷冻液)通过蓄冷罐时，蓄冰球将其热量传递给载冷剂，使蓄冷介质结冻蓄冷，完成蓄冷过程；当从空调换热器出来的高于冰球相变温度的载冷剂通过蓄冷罐时，蓄冷球就会吸收载冷剂的热量，把冷量释放给载冷剂使蓄冷介质解冻融化，从而完成释冷过程。

（3）载冷剂是介于制冷剂和蓄冷介质之间，作为冷量传递中间介质的冷冻液，通常采用 25% 浓度的乙二醇水溶液，相变温度在 $-12℃$，低于蒸发器 $-8℃$ 的最低蒸发温度。

蓄冷中央空调与传统中央空调相比，其优点为：平衡电网峰谷负荷，进行移峰填谷，优化电力资源配置；利用电网峰谷荷电力差价，降低空调运行费用；制冷主机容量减少，降低空调系统电力增容费和供配电设施费；备用应急恒定冷源，使中央空调更可靠。

蓄冷中央空调与传统中央空调相比，缺点为：初投资比常规电制冷空调略高，占地略大；制冷蓄冰时主机效率比在空调工况下低。

8.6.3　蓄冷系统工作模式

对空调用户来讲，到底转移多少高峰负荷，选择多大蓄冷容量经济合理，主要取决于蓄冷空调系统工作模式，即蓄冷系统与制冷系统相互配合的工作方式。典型的蓄冷系统工作模式有全量蓄冷和分量蓄冷两种。

（1）全量蓄冷工作模式

全量蓄冷工作模式利用非空调时间储存足够的冷量来供给全部空调负荷，把用电高峰期空调负荷全都转移到电网负荷低谷期，如图 8-17 所示。全量蓄冷空调系统全天需冷量 A 是由在电网负荷低谷和平峰时段蓄存的冷量 B_1 和 B_2 来供给。即 $B_1+B_2=A$，制冷机只管蓄冷不管供冷。全量蓄冷工作模式多用于空调时间不长，空调负荷很大的场所，如体育馆、大会堂等。该模式优点是可全量移峰填谷，削减电网峰期负荷和充填谷期负荷的作用特别显著，缺点是制冷机容量和蓄冷容量都比较大，占地多，投资高。

（2）分量蓄冷工作模式

分量蓄冷工作模式利用非空调时间蓄存一定冷量，在用电高峰期制冷机仍然工作直接供冷，同时利用非空调时间蓄存的冷量供给空调部分负荷，如图 8-18 所示。

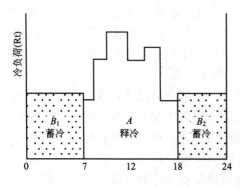

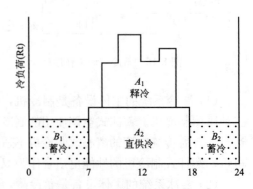

图 8-17　全量蓄冷工作模式简图　　　图 8-18　分量蓄冷工作模式简图

分量蓄冷工作模式是空调系统全天需冷量 $A=A_1+A_2$，是由制冷机直供冷量 A_2 和蓄存冷量 $A_1=B_1+B_2$ 共同供给。制冷机既管蓄冷又管供冷，蓄存的冷量只分担空调负荷的部分需冷量。分量蓄冷工作模式是应用最广的一种蓄冷工作模式，主要缺点是只能起到部分移峰填谷的作用。

8.6.4 蓄冷设备和蓄冷空调装置

(1) 蓄冷设备

蓄冷设备一般分为显热式蓄冷和潜热式蓄冷。蓄冷介质最常用的有水、冰、共晶盐，不同蓄冷介质有不同的单位体积蓄冷能力和不同的蓄冷温度。其中冰是很理想的蓄冷介质。为了提高蓄冷温度，减少蓄冷装置体积，也可采用除冰以外的其他相变材料，如共晶盐(无机盐与水的混合物)。

(2) 蓄冷空调装置

1) 盘管式蓄冰装置

由沉浸在水中的盘管构成换热表面的一种蓄冷设备，载冷剂或制冷剂在盘中循环，吸收水槽中水的热量，在盘管外表面形成冰层。取冷方式有外融冰和内融冰两种方式。如图 8-19 为金属盘管外融冰式(直接制冰式)。

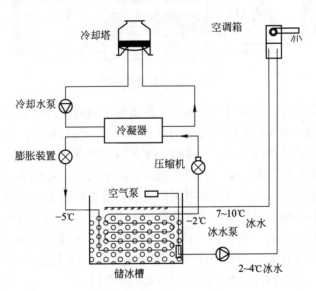

图 8-19 金属盘管外融冰式

2) 封装式蓄冰装置(如图 8-20 所示)

将蓄冷介质封装在球形或板形小容器内，并将许多此种小蓄冷容器密集的放置在密封罐或槽体内，形成封装式蓄冷装置。封装冰有三种形式：冰球、冰板和蕊芯折囊式。

3) 片冰滑落式蓄冰装置(如图 8-21 所示)

制冷机的板式蒸发器表面上不断冻结薄片冰，然后滑落至蓄冷水槽内进行蓄冷，动态制冰。由于取冷供水温度低，融冰速度极快，片冰滑落式系统特别适用于工业过程和渔业冷冻。

4) 冰晶式蓄冷装置（如图 8-22 所示）

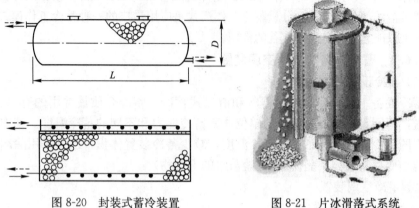

图 8-20 封装式蓄冷装置   图 8-21 片冰滑落式系统

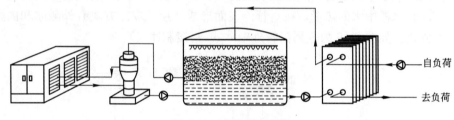

自负荷

去负荷

图 8-22 冰晶蓄冷系统

　　冰晶蓄冷系统是将低浓度的乙烯乙二醇的水溶液降至冰冻点温度以下，使其产生冰晶。冰晶是极细小的冰粒与水的混合物，可以用泵输送。蓄冷时，蒸发器出来的冰晶送至蓄冷槽内蓄存；释冷时，冰粒与水的混合溶液被送到空调负荷端直接使用，升温后回到蓄冷槽，将槽内的冰晶融化成水，完成释冷循环。

　　蓄冷空调把不能储存的电能在电网负荷低谷时段转化为冷量储存起来进行填谷，在电网负荷高峰时段把储存的冷量释放出来替代电力空调进行移峰，实现了在用户终端的用电转移，使传统空调的"硬性负荷"转化为"塑性负荷"，从而在不改变空调需求模式的条件下改变空调用电方式，成为近 10 年来世界上供电方推动终端用户为电网移峰填谷的一个主要技术手段。

项 目 小 结

　　本项目简述了空调的基本知识，着重讲述了空调节能的基本规律，阐述了分散空调、中央空调的节能知识。详细介绍了高大空间建筑物空调节能和蓄冷空调等新型节能内容。通过本项目的学习，学习者应熟悉空调节能的基本规律，掌握常见空调尤其是中央空调的节能途径，自觉运用所学知识解决实际工程中遇到的空调节能问题。

思 考 题

1. 请简述空调制冷系统工作原理。

2. 空调分类有哪些方法？

3. 在空调制冷时，换气次数有何意义？

4. 中央空调节能的新技术有哪些，它们的原理如何？

5. 分层空调的原理是什么，其冷负荷由哪些组成？

6. 蓄冷空调工作模式有哪几种，它们各有什么特点？

项目 9 建筑照明节能

LED护栏管   LED发光字广告看板   LED像数管广告   LED招牌

LED户外显示屏   太阳能草坪灯   太阳能草坪灯   太阳能草坪灯

太阳能草坪灯   太阳能草坪灭蚊灯   太阳能庭院灯   太阳能庭院灯

项 目 概 要

　　本项目共分为3节内容，依次为照明节能概论、自然采光与建筑节能、人工照明与建筑节能。通过学习可了解照明发展的历程和制约因素、照明节能的领域。在学习过程中，学习者可采用调查法和研讨法加深课堂上建筑节能照明的学习内容，思考照明节能与建筑节能的关系。

9.1 照 明 节 能 概 论

建筑物如何充分利用天然采光与节约人工照明用电，已引起国际建筑和照明界的高度重视。

建筑照明节能是节能的重要组成部分。早在 20 世纪 90 年代初，美国首先推出了"绿色照明计划"，旨在使照明达到高效、节能、环保、舒适。目前，我国政府也正在致力于"绿色照明工程"。绿色照明是照明节电、减少环境污染、保护生态环境的系统工程，包括天然照明(即自然采光)的应用、高效节能的电光源推广、节电照明电器附件的使用、高效节能灯具的采用、先进的照明设计和照明节能宣传等。

9.2 自然采光与建筑节能

9.2.1 自然采光简介

太阳是万物之源，它给地球提供光和热。如图 9-1 所示。太阳光照射到地球后，地球大气吸收 20% 太阳光，反射 25% 太阳光，剩下的部分就是到达地球的自然光，其主要由两个部分组成：一部分是直接到达地面的光线——直射太阳光，另一部分是首先被大气扩散，接着可能被地面上的植被、构筑物等扩散的光线——漫射光。

图 9-1 太阳光

天然采光就是将日光引入建筑内部，并且将其按一定的方式分配，以提供比人工光源更理想的照明。相对于人工照明，天然采光具有许多优点，长期的建筑实践，人们一直把天然光作为建筑采光的主要来源，并积累了不少的采光经验。

在 20 世纪 50 年代，高光效、长寿命且价廉的新光源不断出现，加之电价低廉，空调设备的大量推广应用，导致一些经济发达的国家一度只重视人工照明，忽视天然光的利用，出现"无窗建筑"热，有窗建筑也在大玻璃窗后面拉上遮挡日光的窗帘，室内灯火通明，甚至靠窗部位也如此。到 20 世纪 70 年代，能源问题的出现，对建筑中如何充分利用天然光能，节约照明用电量，改善室内采光条件，创造良好的视觉工作环境等问题，又普遍地引起了国内外建筑工作者的高度重视，并进行了大量的研究，取得了不少新成果，有力地促进了建筑采光技术的发展。

9.2.2 自然采光特点

天然光的物理特性，如波动性、微粒性等，光色自然，能显出质感，富于动态变化。天然光通过窗玻璃入射到室内空间，由于光的质感和透明玻璃的质感相似，赋予人们纯净的感觉；天然光具有透射、反射、折射、漫射等特性，将这些特性运用于光环境设计中，可使光在室内空间产生丰富的表现力，赋予人们开敞、凝缩、轻盈、含蓄等感觉；此外，天然光还具有方向性，不仅在室内空间可增强人和物的可见度，改变室内空间的尺度和比例，还可产生光影效果，创造人和物的立体感；上述原因是现代建筑喜用天然光的主要因素之一。

天然采光不仅节省能源，降低建筑能耗，而且减少环境污染。天然采光本身并不能节约能源，只是在采用天然采光时，通过关闭或调解一部分照明设备，节约照明用电，减少照明设备向室内的散热，减小空调负荷；但是在室内获得天然光、增加室内照度、减少照明用电的同时，也增加了太阳能辐射得热，所以需要采用一定的遮阳措施，避免过多的太阳得热。资料表明，照明用电占整个商业建筑能耗的 20%～40%，而天然采光在特定情况下可省 52% 的照明用电。

建筑中可以利用的自然光数量随着天气状况、一天的时间段和一年的不同季节而改变。晴天有最大数量的自然光可以利用，雨天可以利用的光线就少；冬天白天短，自然采光的时间只有 8 小时甚至更短；夏天白天长，每天自然采光的时间甚至可达 12 小时甚至更多；故天然采光具有不稳定性。

9.2.3 自然采光方式

建筑的天然采光通常需要在围护结构上开口，即形成"窗"，允许日光进入并充分分配和发散光线。根据窗位置、形式的不同可以将天然采光划分为侧窗采光系统、天窗采光系统、中庭采光系统和新型天然采光系统。

（1）侧窗采光系统

侧窗采光是最常见的采光方式，如图 9-2 所示；根据窗的位置，又可分为单

(a)　　　　　　　　　　　　(b)

图 9-2　侧窗采光（一）

(a)低侧窗；(b)高侧窗

(c)

图 9-2　侧窗采光(二)

(c)大面积玻璃窗

向采光和双向采光，以及高侧窗采光和低侧窗采光。双向采光能够使室内环境获
得较为均匀充足的光线，很多情况下，常常无法做到双向采光。单向采光比较容
易实现，采用低窗时，靠窗附近的区域比较明亮，离窗远的区域则较暗，照度的
均匀性较差，采用高窗时，有助于使光线射入房间较深的部位。随着技术的进
步，如今在建筑设计与室内设计中已开始大量运用大面积玻璃窗或玻璃幕墙。大
片的玻璃面使整个侧面都成为采光面，把大量天然光导入室内，改善了采光
效果。

（2）天窗采光系统（如图 9-3 所示）

天窗采光是较为常见的天然采光方式，可细分为矩形天窗、锯齿形天窗、横
向天窗、井形天窗和平天窗等类型，其中平天窗在公共建筑中应用较为广泛。

图 9-3　天窗采光

天窗采光时，光线自上而下，有利于获得较为充足与均匀的窗外光线，光效
果自然宜人，在现代建筑设计和室内设计中经常采用，顶部采光除上述优点外，
存在直射阳光和辐射热等问题。前者由于是直射阳光，对某些工作会产生不利影

响，后者则需要加强通风以解决夏季闷热现象。

（3）中庭采光系统

建筑物内的中庭是一个天然光的收集器和分配器，能提供优良的光线和天然光入射到房间进深最远处的可能性，而建筑物内的院、天井和建筑凹口可以看作中庭的特殊形式，如图 9-4 所示。

(a)

(b)

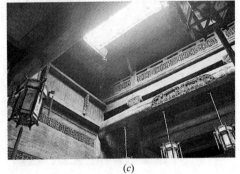

(c)

图 9-4　中庭及其特殊形式

(a)上海邮政总局中庭；(b)北京四合院；(c)安徽徽州天井

中庭采光除考虑直射光外，更主要的是光线在庭内部界面反射形成的第二或第三次漫反射光，中庭具有一个"光通道"的作用，面向使用空间的开口就是这条道的出口处，这条光道四周的墙体决定了这一光线的强弱以及有多少光线可照到中庭底和进入建筑物最底层间的内部。

（4）新型天然采光

新型的天然采光方法，有导光管法、光导纤维法、采光隔板法、棱镜多次反射法等，在此仅讨论导光管法。

光导照明系统是英国蒙诺加特公司于 1996 年推出的一种型照明产品，该产品工作原理是将室外的自然光线通过采光装置进入系统，经特殊制作的导光装置传输和强化后由系统底部的漫射装置把自然光均匀漫射到室内每一个角落；无论黎明还是黄昏，雨天还是阴天，该照明系统导入室内的光线十分充足，打破了房间进深大必须依靠电力照明的传统观念，是一种只需一次性投资，无需维护的节能、环保、安全、健康的新型照明系统。

自然光光导照明系统主要由三部分组成：采光装置、导光装置、漫射装置，其结构原理如图 9-5 所示；图 9-6 给出了光导照明系统的实际运用案例。

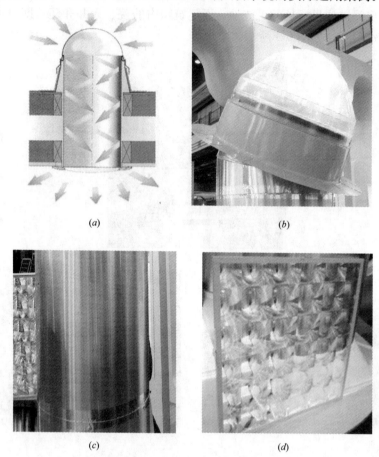

图 9-5　光导照明系统
(a)光导照明系统；(b)采光罩；(c)导光管；(d)漫反射装置

图 9-6　光导照明系统在体育馆中的运用

采光装置由透明塑料注塑而成，表面有三角形全反射聚光器；导光装置内壁为高反射材料，发射率可达 92%～95%，导光管可以旋转弯曲重叠来改变导光管角度和长度；漫射装置可避免眩光现象的发生。

由于天然光导光管照明系统结构简单，方便安装，成本较低，实际照明效果好，应用十分广泛，国外已将该套系统广泛用于家庭、工业、农业、商业等领域。

9.3　人工照明与建筑节能

9.3.1　人工照明简介

随着经济的发展，我国城乡一体化的推进，人们的工作、生活和娱乐等时间越来越长，人工照明的用电量也越来越多，如图 9-7 所示。

目前，我国照明用电量占整个发电量的 12% 左右，人工照明以低效照明为主，电耗高的问题相当严重，在发达国家节能灯已占照明光源的 80%～90%。有专家研究，若将我国现有的普通白炽灯，如图 9-8 所示，全部更换成节能光源，全国一年可节电 600 多亿 kW·h，接近三峡电站全年的发电量。

图 9-7　上海浦东夜景

图 9-8　白炽灯

按照光源与被照空间的关系，人工照明一般分为三种方式。

1）一般照明（也叫全面照明）：该方式的照明器安装位置较高，不仅照亮工作面，而且照亮整个房间，在整个房间里照度比较均匀；一般照明虽然可以采用小功率、高光效的光源，但是要使工作面获得高照度仍然要多耗电力，所以单纯的一般照明方式只在工作面不固定、工作面震动强烈等情况下使用；

2）局部照明：该方式是将照明器直接装在工作面附近，使光线集中投射到工作面上，这种方式可满足工作面必需的照度下节约电力。单纯的局部照明方式因为工作面很亮，周围环境很暗，工作的视线在这种明暗差别大的视野之间变动，眼睛容易疲劳；

3）混合照明：工作空间内既有一般照明，在工作面上又设局部照明，使两者的优点得以发挥，缺点得到克服。

9.3.2 绿色人工照明

绿色人工照明是在满足工作照度的前提下，通过使用高效节能电光源、高效照明灯具、先进照明控制等照明节能新技术产品，通过照明设计的选择和照明意识的构建，达到降低照明负荷功率，节约照明用电的目的，从而减少对环境的污染，保护人民身心健康和生态平衡的一项系统工程。

(1) 选择符合环境功能的节能光源

电光源的选择应以实施绿色照明工程为重点，在推进绿色照明工程实施中，应根据不同的使用场合，选用不同的节能光源。以下简要介绍几种主要光源的选用原则及适用范围。

1) 白炽灯

照明设计时，应尽量减少白炽灯的使用量。白炽灯属第一代光源，光效低 (约 20lm/W)，寿命短 (约 1000h)。因为没有电磁干扰，便于调节，适合频繁开关，对于局部照明、事故照明、投光照明、信号指示，白炽灯是可以使用的光源。也可用它的换代产品卤钨灯 (如图 9-9 所示) 代替。卤钨灯的光效和寿命比普通白炽灯高 1 倍以上，尤其是要求显色性高、高档冷光或聚光的场合，可用各种结构形式不同的卤钨灯取代普通白炽灯，达到节约能源、提高照明质量的目的。

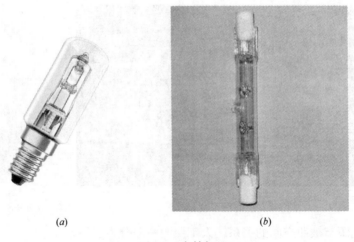

(a)　　　　　　　　(b)

图 9-9　卤钨灯

2) 荧光灯

荧光灯，如图 9-10 所示，是应用最广泛、用量最大的气体放电光源，具有结构简单、光效高、发光柔和、寿命长等优点，一般为首选的高效节能光源。

目前一般推荐采用紧凑型荧光灯取代普通白炽灯。紧凑型荧光灯可以和镇流器 (电感式或电子式) 连接在一起，组成一体化的整体型灯，优点：

a) 光效高，每瓦产生的光通量是普通白炽灯的 3～4 倍；

b) 寿命长，一般是白炽灯的 10 倍；

c) 显色指数可以达到 80 左右；

d) 使用方便，可以与普通白炽灯直接替换，还可与各种类型的灯具配套。

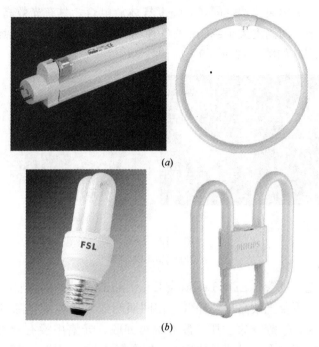

图 9-10 荧光灯

(a)管型荧光灯；(b)紧凑型荧光灯

　　管型荧光灯一般为直管型，两端各有一个灯头；根据灯管的直径不同，预热式直管荧光灯有 $\phi26mm$（T8）和 $\phi16mm$（T5）等几种；T8 灯可配电感式或高频电子镇流器，T5 灯采用电子镇流器；荧光灯主要适用于层高 4.5m 以下的房间，如办公室、商场、教室、图书馆、公共场所等。

　　3）高强度气体放电灯（如图 9-11 所示）

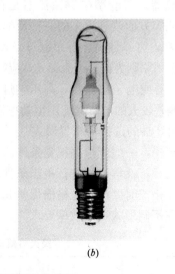

图 9-11 高强度气体放电灯

(a)高压钠灯；(b)金属卤化物灯

　　高压钠灯、金属卤化物灯同属高强度气体放电灯，具有光效高、寿命长的特点，广泛应用于空间高度大于 4.5m 的各种场所，如机场、港口、地铁站等。

　　4）LED 光源（如图 9-12 所示）

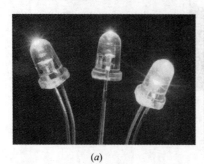

(a)　　　　　　　　　　　　　　　(b)

图 9-12　LED

(a)LED；(b)LED 光源

　　半导体发光二极管（LED，Lighting Emitting Diode）的固态照明被称为第四代新型绿色光源，不仅光效高、功耗低、相同照明效果比传统光源节能 80％以上；而且本身不含汞、铅等有害物质，废弃物可回收，光谱中没有紫外线和红外线，在生产和使用中不会产生对外界的污染，符合绿色照明节能、环保要求。LED 光源目前越来越多地应用到信号标识照明、建筑物中的诱导灯和勾勒轮廓的立面照明、庭园灯光多色彩的照明和城市夜景等领域，将逐步代替白炽灯和荧光灯进入普通照明领域。

　　（2）选择正确的镇流器

　　镇流器是气体发电等用于启动和限流的控制器件，为了降低镇流器上的电力消耗，应该采用节电镇流器。镇流器的种类为普通电感镇流器、节能型电感镇流器与电子镇流器。节能型电感镇流器是在普通电感镇流器基础上，在材料、结构、制造工艺等方面改进出来的一种低损耗镇流器，不仅自身功耗小，占灯具功率的 12％左右，可靠性高，寿命也与普通电感镇流器相同。

　　镇流器选用原则为：自镇流荧光灯应配用电子镇流器，直管型荧光灯应配用节能型电感镇流器或电子镇流器，高压钠灯、金属卤化物灯应配用节能型电感镇流器，在电压偏差较大的场所宜配用恒功率镇流器，功率较小者可配用电子镇流器。

　　（3）照明灯具的选择与布置形式

　　灯具的选择，一般应根据视觉条件的需要、综合考虑灯具的照明技术特性及其长期运行的经济性等原则进行；当条件允许时，优先选用直接开敞式灯具，当灯具装有遮光格栅时要注意光格栅保护角对降低灯具效率的影响，表 9-1 列出了荧光灯灯具在不同形式下的效率要求。

荧光灯灯具的效率　　　　　　　　　　　　表 9-1

灯具出光口形式	开敞式	保护罩（玻璃或塑料）		格栅
		透明	磨砂、棱镜	
灯具效率（%）	75	65	55	60

灯具材质选择，应优先选用变质速度较慢的材料，如玻璃灯罩或搪瓷反射罩，以阻滞灯具因灯罩变质而产生的光能衰减。

灯具布置形式方面，当场所内天然采光良好，如两面以上墙壁有侧窗，或有采光屋面板，所控灯列应与侧窗或采光屋面板平行，该场所的控制宜按设定照度自动开关灯或调光；又如会议室、多功能厅、报告厅等场所，应按靠近或远离讲台分组布灯。

（4）改善照明器的控制方式

照明控制从最初的开关发展到现在的智能化控制，在节约能源中占有非常重要的位置，目的是可以随时改变工作面上的人工照明水平。

照明器的控制方式，根据各房间使用的不同特点和要求区别对待，尽可能做到使用方便，又为节电创造条件。

1）面积较小的居住、办公用房或类似的房间，宜采用一灯一控或二灯一控的方式，在经济条件允许时可采用变光开关；

2）面积较大的房间宜采用多灯一控的方式，当整个房间有均匀照度要求时，可采用隔一控一的方式，无均匀照度要求时可分区控制，另外可考虑适当数量的单控灯；

3）居住、办公建筑内的楼梯间、走廊等公共通道照明器宜采用定时开关控制；

4）远离侧窗的天然采光不足的区域内的电气照明，宜采用光电控制的自动调光装置，以随天然光的变化而自动地调节电气照明的强弱，保证室内照明的稳定；

5）室外照明宜采用光电自动开关或光电定时开关控制，按预定的照度和预定的时间自动接通或断开电源。

（5）合理地选择照明方式与照度

电气设计人员在满足标准照度的条件下，为节约电力，应恰当地选用一般照明、局部照明和混合照明三种方式；如综合型体育场馆的照明设计，应采取混合照明方式，选择两种及以上的不同容量光源灯具，根据区块的多功能要求进行均匀、混合布置，以达到同一区域不同功能照度标准要求下的分时、分级控制和不同区域的分区控制。

选择照度是照明设计的重要内容，照度太低，会损害人们的视力，影响生活和学习，不合理的高照度值会导致电能的浪费；所以选择照度值时必须与所进行的视觉工作相适应，合理的照度应根据国家规定的照度标准以及工作和活动场所决定。

（6）减少电能在线路传输上的损耗

电路上存在电阻，当电流流过时，就会产生功率损耗，照明线路的损耗一般约占输入电能的 4% 左右，影响照明线路损耗的主要因素是供电方式、导线截面积和导线长度，具体可从以下几方面改善：

1）应选用电导率较小的材质做导线铜芯(但又要贯彻节约用铜的原则)，一般在负荷较大的建筑中采用铜导线，在负荷量较小的建筑中采用铝芯导线；

2）应尽可能减小导线长度，具体线路尽可能走直线，低压线路应不走或少走回头线，变压器尽量接近负荷中心，当建筑物建筑面积过大时，通过布设多个配电所减少干线的长度。

（7）照明器与照明环境的维护管理

照明用电管理以节电宣传教育和建立实施照明节电制度为主。应养成随手关灯的习惯、家庭应按户安装电表以实行计度收费；当灯泡积污时，其光通量可能降到正常光通量的 50％以下，灯泡、灯具、玻璃、墙壁不清洁时，其反射率和透光率也会大大降低，为了保证灯的发光效果，应根据照明环境定期清洁灯泡、灯具和墙壁；当气体放电灯闪动时，要及时更换，因为气体放电源在启动时耗电最高。

项 目 小 结

本项目叙述了照明节能中的两种途径、历史发展及各自的实践方式。在叙述的过程中，力求图文并茂，给读者留下直观印象。通过本项目的学习，学习者应熟悉照明节能途径的含义、历史，结合生活实际掌握照明节能技术的应用和发展方向。

思 考 题

1. 请阐述照明节能的历史原因。
2. 结合生活实际，阐述自然照明的若干实践方式。
3. 结合生活实际，阐述人工节能照明的若干实践方式。

项目10　可再生能源利用与建筑节能

项　目　概　要

　　本项目共分为3节内容，依次介绍了太阳能与建筑节能、地源热泵与建筑节能、风能与建筑节能，通过介绍最常见的可再生能源在建筑节能中的运用，使学习者通过调查去巩固和研讨书本中内容，去思考可再生能源利用与建筑节能的经济、环境保护等关系。

10.1 太阳能与建筑节能

10.1.1 太阳能与建筑节能

太阳能属于一次性可再生能源，每年到达地球表面上的辐射能约相当于 1.3×10^{16} 吨煤。太阳能能量密度低，因地因时而变，具有分散性和不稳定性。广义上讲，地球上的风能、水能、海洋温差能、波浪能和生物质能以及部分潮汐能都来源于太阳能，而地球上化石燃料（如煤、石油、天然气等）也是自远古起贮存下来的太阳能。狭义的太阳能则限于太阳辐射能的光热、光电和光化学的直接转换，建筑中涉及的太阳能利用一般指"太阳辐射能的光热和光电转换"。

太阳能的光热转换可通过集热器完成。集热器将太阳能辐射收集起来，通过物质的相互作用转换成热能加以利用。太阳能的光热转换可划分为被动式太阳能利用技术和主动式太阳能利用技术。前者是指在不借助其他构件和机械设备的情况下，通过设计利用建筑构件自身的性能获得有利的太阳能或避免不利太阳辐射的方式，常见技术形式有直接太阳房、集热蓄热墙、建筑遮阳等。后者是指通过专门的集热装置收集获取太阳能，然后经过热媒、热交换器、储热器等设备将热量传输到建筑物内部的技术。相比于被动式太阳能技术，主动式太阳能技术太阳能利用率高、可控性好，可为建筑供暖、供热水以及制冷，通过储热器、辅助热源的方式在一定程度上克服太阳能间断性等缺点。太阳能光热转换常见的技术形式有太阳能热水器、太阳能热泵供暖技术、太阳能热风集热供暖系统、太阳能空调等。太阳能光电转换可通过光伏板组件完成，光伏板组件几乎全部由半导体物料（例如硅）制成的薄身固体光伏电池组成，暴露在阳光下便会产生直流电。光伏电池现已可为手表及计算机提供能源，并在尝试为房屋提供照明和电网供电。

10.1.2 太阳能在建筑节能中常见利用方式

（1）太阳能热水

随着人们生活水平的不断提高，对生活热水需求的激增促进了太阳能热水器市场的迅速发展。太阳能热水主要是通过太阳能热水器将太阳的辐射能转化为可直接利用的热能，向建筑供给生活热水。

目前，分户直插式（一体式）热水器在我国家用太阳能热水器应用占了很大比例，该热水器具有结构简单、性能可靠、使用方便以及使用经济等优点。家用太阳能热水器发展已进入到新建住宅统一整合安装即太阳能热水器一体化阶段，在住宅外观设计手法及构造方案上进行充分酝酿，既要考虑到保证太阳能热水器工作效率和使用要求，又要与住宅结构及外观相协调，包括安装部位选择和构造方案设计。为了保证日照时间的充足和不同使用群体的热水需求，集热器的安装位置主要在屋顶、南向向阳的外墙和阳台部位，如图 10-1 所示。

多高层建筑楼顶面积小、单元住户多，传统太阳能热水器的安装无法满足每个用户的用水需求。针对上述问题，现通常采取阳台壁挂的结构形式，将集热器安装在阳台上，与储水箱分开，通过工质的强制循环将集热器吸收太阳光而得到的热量传输到储水箱，从而得到热水。集热器安装在南阳台外墙上，储水箱置于室内，可有效解决屋顶安装的单一形式，特别适用于多层、小高层用户。储水箱采用承压顶水式运行方式，出水压力来自于自来水，压力稳定，无需手动上水。如图 10-2 所示。

图 10-1　安装在屋顶及阳台的太阳能热水器

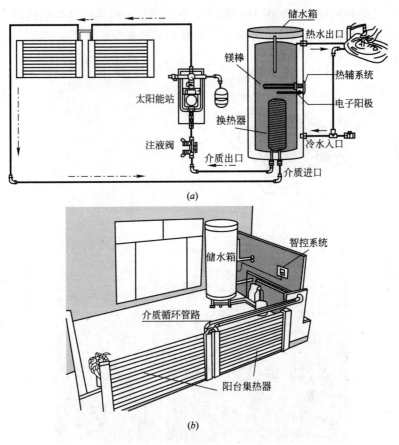

(a)

(b)

图 10-2　阳台壁挂式承压热水系统

(a)工作原理；(b)安装示意图

热水器与住宅的一体化设计的积极探索和实践，为太阳能技术在建筑上应用的进一步发展提供更多选择。

（2）太阳能光伏发电

太阳能光伏发电是根据光伏效应原理，利用太阳电池将太阳光能直接转化为电能。首先，太阳能电池板接收太阳光并产生电能（即发电），再将产生的电能储存在蓄电池里，到需要用电时再从蓄电池中取电。太阳能电池板（也叫光伏板或光伏组件）本身只能发电不能储存电能，且为直流电，蓄电池进出的也是直流电。对用电器而言，可直接给直流电器供电，也可经过逆变器将直流电变换为交流电给交流电器供电或直接进入电网。

现在比较成熟的光伏元件是硅元件，分为晶体硅和非晶体硅。晶体硅目前发电效率在13%～17%，非晶体硅效率在7%～10%左右，即1m² 电池板在1kW太阳能量的照射下，分别产生130～170Wp和70～100Wp的电能（Wp读作"峰瓦"，表示在标准条件下电池板所产生的电力）。目前晶体硅太阳电池（包括单晶硅、多晶硅电池）应用广泛。

光伏发电应用主要分三方面：一是太阳能日用电子产品，二是为无电场合提供电源，三是并网发电，如图10-3所示。并网光伏发电系统是与电网相连并向电网输送电力的光伏发电系统，分为带蓄电池和不带蓄电池两种系统。

(a)

(b)

(c)

图 10-3　光伏发电的运用

(a)太阳能计算器；(b)太阳能路灯；(c)太阳能发电站

太阳能光伏系统主要由太阳能电池板、蓄电池、控制器、DC-AC 逆变器和用电负载等组成。其中，太阳能电池板、蓄电池为电源系统，控制器、逆变器为控制保护系统（如图 10-4 所示）。

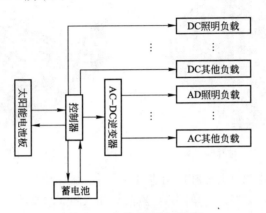

图 10-4　光伏系统组成框架

单一太阳电池的发电量十分有限，在实际应用过程中，根据系统需求，将多个电池经串、并联组成的电池系统，称为太阳能电池板（如图 10-5）。太阳能电池板是太阳能光伏系统的核心部件，直接将太阳光能转换成电能。电池板面为钢化玻璃封装，可承受冰雹冲击和 12 级强风的力量，使用温度为－40～60℃。太阳能电池板使用寿命为 20～25 年。

蓄电池（如图 10-6 所示）将太阳能电池板产生的电能储存起来，当光照不足或夜间，或出现负载需求大于太阳能电池板所发的电量时，蓄电池将存储的电能释放以满足负载的能量需求。蓄电池是太阳能光伏系统的储能部件。

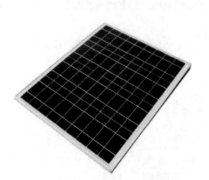

图 10-5　太阳能电池板　　　　　　　图 10-6　蓄电池

控制器对蓄电池的充、放电加以控制，并按照负载的电源需求控制太阳能电池板和蓄电池对负载的电能输出，它是整个系统的核心控制部分，保证系统能正常、可靠地工作，同时能延长系统部件（特别是蓄电池）的使用寿命。如图 10-7 所示。

在光伏供电系统中，如用户终端为交流负载，则须通过逆变器设备，将太阳能电池板产生的直流电，或蓄电池释放的直流电转化为负载需要的交流电。如图 10-8 所示。

179

图 10-7　太阳能控制器　　　　　　　　图 10-8　太阳能逆变器

　　太阳能光伏发电目前开始在民用建筑的设计、施工中应用，但主要应用在公共建筑及市政工程中，如路灯、草坪灯、庭院灯和太阳能水泵等，如图 10-9 所示。

(a)　　　　　　　　　　　　　　　　(b)

(c)

图 10-9　太阳能在建筑领域内的运用

(a)太阳能路灯；(b)太阳能草坪灯；(c)太阳能水泵

1991年，光伏发电与建筑物集成化的概念被正式提出，并很快成为热门课题。此后，一些国家纷纷实施、推广"太阳能屋顶计划"，比较著名的有德国十万屋顶计划、美国百万屋顶计划以及日本的新阳光计划等。所谓太阳能屋顶（如图10-10所示）是将太阳能电池板安装在建筑物屋顶，引出端经过控制器、逆变器与公共电网相连接，由太阳能电池板、电网并联向用户供电，即组成了户用并网光伏系统。这种并网系统因有太阳能、公共电网同时给负载供电，系统随时可向电网中存电或取电，因此供电可靠性得到增强。由于该系统不需蓄电池，既降低造价，又免去蓄电池的电能损耗、维护更换。剩余电能还可反馈给电网，充分利用了光伏系统所发的电能，对电网具有调峰作用。

图10-10　太阳能屋顶

太阳能屋顶还可采用一些创新技术，如设置能量管理优化智能系统，以减少能量消耗；设置屋顶冷却系统，对没有安装光伏组件的屋顶，使用特殊功能的反射涂层，65%太阳能被反射，有效地降低夏季屋顶温度，提高太阳能电池的转换效率；设置绝缘底层保护屋顶，降低建筑物内部温度。

光伏建筑一体化的下一阶段目标是将光伏器件与建筑材料集成化，即可降低光伏发电成本，也有利于光伏技术推广应用。比如，将建筑屋顶、向阳的外墙甚至窗户材料都用光伏器件来代替，则既能作为建材又能发电。当然，对光伏器件来说，同时还应具备建材所要求的隔热保温、防水防潮、机械强度、电气绝缘等性能，并需考虑安全可靠、便于施工、立面美观等因素。

10.1.3　太阳能采暖与制冷

20世纪70年代末，我国太阳能建筑应用研究正式起步，多个科研单位开始从事太阳能空调系统的研究与开发。

利用太阳能进行空气调节有两种方法：一是先实现光—电转换，再以电力推动常规的空调机组；二是进行光—热转换，以太阳能产生的热能为空调机组进行制冷。前者系统比较简单，但以目前成本计算，其造价约为后者的3～4倍；后者与光—热转换直接利用不同，是一个"光—热—冷"的转换过程，为太阳能的间接利用。太阳能空调一般为采用溴化锂制冷机组，利用太阳能提供的热能驱动机组进行制冷。

太阳能空调由于技术上比较复杂、设备体系比较庞大、投资成本比较高，其性能也受到气候因素的制约，目前仍以探索为主，实际工程应用不多。

10.2　地源热泵与建筑节能

10.2.1　地源热泵简介

自然界中水总是由高处流向低处，热量也总是从高温传向低温。人们可以用水泵把水从低处抽到高处，热泵同样可以把热量从低温传递到高温。热泵实质上是一种热量提升装置，工作时它本身消耗很少一部分电能，却能从环境介质(水、空气、土壤等)中提取相当于其自身所消耗电能几倍的能量装置，实现温度的提升并加以利用。

地源热泵是热泵的一种，其是以大地或水为冷热源对建筑物进行冬暖夏凉的空调技术。土壤或水体温度冬季为12～22℃，温度比环境空气温度高；土壤或水体温度夏季为18～32℃，温度比环境空气温度低。地源热泵对大地和室内外之间的能量起到"转移"作用，冬天地源热泵将土壤或水源中的热量送入室内，夏天则将室内的热量转移到土壤或水中，利用极小的电力来维持室内所需要的温度。

10.2.2　地源热泵在建筑节能中的运用及特点

地源热泵机组装置主要有压缩机、冷凝器、蒸发器和膨胀阀四部分组成，如图 10-11 所示。其工作过程是让液态工质(制冷剂或冷媒)不断完成"蒸发(吸取环境中的热量)→压缩→冷凝(向环境放出热量)→节流→再蒸发"的热力循环过程，如图 10-12 所示。

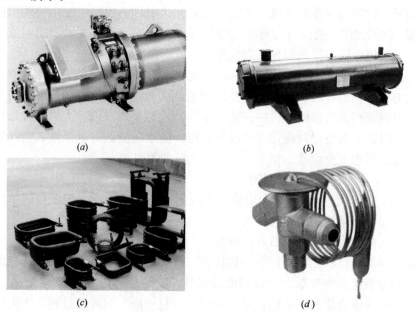

(a)　　　　　　　　　　　　　　　*(b)*

(c)　　　　　　　　　　　　　　　*(d)*

图 10-11　热泵机组组成部件
(a)螺杆式压缩机；(b)储液冷凝器；(c)用于蒸发器的同轴换热器；(d)膨胀阀

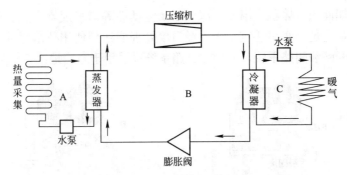

图 10-12　地源热泵工作原理

在图 10-12 中，压缩机起着压缩和输送循环工质从低温低压处到高温高压处的作用，其是热泵（制冷）系统的心脏；蒸发器是输出冷量的设备，它的作用是使经节流阀流入的制冷剂液体蒸发，以吸收被冷却物体的热量，达到制冷的目的；冷凝器是输出热量的设备，从蒸发器中吸收的热量连同压缩机消耗功所转化的热量在冷凝器中被冷却介质带走，达到制热的目的；膨胀阀或节流阀对循环工质起到节流降压作用，并调节进入蒸发器的循环工质流量。

地源热泵系统按照地源介质的不同可分为地下水地源热泵系统、地表水地源热泵系统、地表土壤源地热系统。地源热泵系统选择的基本原则为优先水源热泵、次选地源热泵、再次选空气源热泵，因地制宜，资源综合利用。

在土壤源热泵得到发展以前，欧美国家最常用的地源热泵系统是地下水泵系统，如图 10-13 所示，主要应用在商业建筑中。地下水泵系统常用的形式是水—水式板式换热器，一侧走地下水，一侧走热泵机组冷却水；早期的地下水系统采用的是单井系统，即将地下水经过板式换热器后直接排放，一方面浪费地下水资源，另一方面容易造成地层塌陷，引发地质灾害；后期产生了双井系统，一个井抽水，一个井回灌。地下水热泵系统的优势是造价要比土壤源热泵系统低，另外水井够紧凑，不占什么场地，技术也相对比较成熟；其劣势就在于有些地方禁止抽取或回灌地下水，如水质不好或打井不合格要求进行水处理，另外若泵的选择过大、控制不良或水井与建筑偏远，泵耗能就会过大。

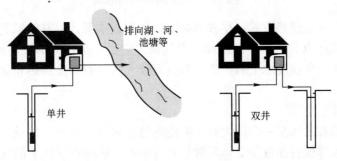

图 10-13　地下水泵系统

地表水地源热泵系统通过直接抽取建筑物附近地表水（例如江、河、湖、海、水库、中水、地热尾水、工业废水等）作为热泵冷热源进行换热的方式，如图 10-14 所示。由于地表水源容易受自然条件的影响，且一定的地表水体所能够承担的冷热负荷与预期面积、体积、温度、深度以及流动性等诸多因素有关，因此要求建筑物附近水量充足，水温适宜，水质经简单处理能达到使用要求。地表水源热泵系统主要有开路和闭路系统，其中，开路系统不适用于寒冷地区。

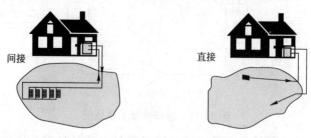

间接　　　　　　　　　　直接

图 10-14　地表水泵系统

土壤源热泵以大地作为热源和热汇，热泵的换热器埋于地下，与大地进行冷热交换，如图 10-15 所示。根据地下热交换器的布置形式，主要分为垂直埋管、水平埋管、蛇形埋管三大类。垂直埋管换热器通常采用的是 U 形方式，按其埋管深度可分为浅层（<30m），中层（30～100m）和深层（>100m）三种；垂直系统埋管深，地下岩土温度比较稳定，钻孔占地面积较少，但相应会带来钻孔费用和高承压埋管费用提高；水平埋管换热器有单管和多管两种形式，其中单管水平换热器占地面积最大，虽然多管水平埋管换热器占地面积有所减少，但可通过管长增加来补偿相邻管间的热干扰。水平埋管换热器热泵系统的劣势在于施工场地大和系统运行性能不稳定（由于浅层大地的温度和热特性随着季节、降雨以及埋深而变化）、泵耗能较高和系统效率降低。

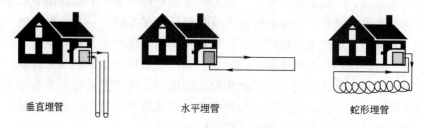

垂直埋管　　　　　　水平埋管　　　　　　蛇形埋管

图 10-15　土壤源埋管系统

作为中国传统供热方式，尽管燃煤锅炉使用成本低，但其能源利用率低，且会给大气造成严重的污染，而燃油、燃气锅炉则由于运行成本很高而不被普及。地源热泵就是一种在技术上和经济上都具有较大优势的解决供热和制冷的替代方式，特点如下：

（1）可再生性

地表土壤和水体是一个巨大的太阳能集热器和巨大的动态能量平衡系统，地表的土壤和水体保持能量接受和发散相对的平衡，地源热泵技术的成功使得利用储存于其中的近乎无限的太阳能或地能成为现实。

（2）高效与节能

采用地源热泵空调系统进行冷暖供应，当地下换热装置设计与安装合理时，地源介质（地下水、地表水、土壤等）的温度变化不大（5℃以下），且地源介质相当于一个巨大的蓄冷蓄热体，可作为地源热泵空调系统温度较稳定的冷热源，保证装置的稳定和高效运行；由于充分利用了地下储藏的巨大能量，机组的能效比(COP)高达4.5～6以上，故其是节能最多的中央空调系统之一；另外地源热泵机组的电力消耗，与空气源热泵相比也可以减少40%以上，与电供暖相比可以减少70%以上，它的制热系统比燃气锅炉的效率平均提高近50%。

（3）环保和简单

地源热泵机组运行时，不消耗水，不污染水，不需要锅炉，不需要冷却塔，也不需要堆放燃料和废物的场地，环保效益显著；地源热泵机组由于工况稳定，可以设计成简单的系统，部件较少，运行稳定、可靠和经济，另外其亦可实现远程监控。

（4）冬夏多用

地源热泵系统可供暖、制冷，还可提供生活热水，一机多用，一套系统可以替换原来的锅炉加空调的两套装置或系统，减少了设备的初投资。

（5）使用寿命长

地源热泵机组使用的地下土壤、地下水的温度波动很小，同时在冬季运行时，无需进行除霜运行，地源热泵机组全年处于稳定的运行状态。相对于传统中央空调和家用空调，地源热泵的寿命是最长的。

土壤源热泵也存在着缺点，如初投资大、施工困难，土壤导热系数小而导致埋地换热器的面积较大，埋地换热器受土壤物性影响较大，连续运行时，土壤温度需要时间恢复，热泵的冷凝温度或蒸发温度受土壤温度的影响而发生波动等。

10.2.3 地源热泵"三联供"

地源热泵"三联供"中央空调系统（如图10-16所示），夏季能供冷、冬季能供暖，同时还可以供生活热水，实现"三联供"。

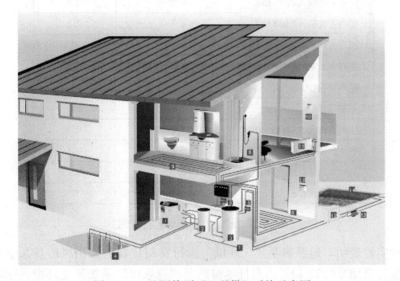

图10-16 地源热泵"三联供"系统示意图

1—三联供主机；2—空调储能水箱；3—热水保温水箱；4——地埋管；5—浴池换热泵；6—空调水泵；
7—自来水补水口；8—洗浴用水；9—地板加热；10—房间温控器；11—空调末端
（风机盘管）；12泳池中间换热器（饮管换热器）；13—泳池泵；14—泳池

　　地源热泵三联供系统，一机多用，一套系统可以替换原来的锅炉加空调的两套装置或系统，对于同时有供热和供冷要求的建筑物，地源热泵三联供有着明显的优点。地源热泵三联供可应用于酒店、宾馆、居住小区、公寓、办公楼、学校等建筑。小型的地源热泵三联供更适合于别墅住宅的采暖、空调与生活热水。

　　(1) 地源热泵三联供工作原理

　　1) 冷热空调系统流程

　　夏季，空调循环水通过地源热泵机组的蒸发器，把从房间吸收的热量，通过换热器传递给制冷剂，然后通过制冷剂的循环，从地源热泵机组的冷凝器里把热量再传递给土壤。冬季，地源热泵机组吸收土壤的热量，通过换热器传递给制冷剂，然后通过制冷剂的循环，从机组的冷凝器里把热量再传递给空调循环水，供用户取暖。

　　2) 热水系统流程

　　地源热泵三联供机组与一保温水箱相连接，无论是夏季、冬季或者是过渡季节，地源热泵机组都可以单独提供热水。在夏季可以吸收末端放出的热量，降低机组能耗的同时还提供免费热水。

　　(2) 地源热泵"三联供"综合能效比

　　夏季，地源热泵在满足室内空调制冷要求的同时，充分利用空调热回收获得免费的热水，在冬季或过渡季节空调不用时，机组在制热水模式下运行，保证全天候提供热水，实现房间制热、制热水、地板采暖、泳池加热等多种功能，大大节约能源，综合能效比可高达7.0。如图10-17为某项目运行费。

对比项目	地环热泵三联机组	风冷热泵
夏季主机输入功率(kW)	6.2	8.5
科季主机输入功率(kW)	6.7	9.3
室外侧水泵功率(W)	850	0
室内侧水泵功率(W)	850	850
夏季运行(天)	110	110
冬季运行(天)	135	135
用电取费元/(kWh)	0.8	0.8
冬季空调运行系数	0.6	0.6
夏季空调运行系数	0.5	0.5
年运行费用(元)	13228	1803

图10-17　地源热泵系统运行费用

　　工程实践表明，地源热泵"三联供"运行费用比普通家用风冷热泵空调加热水器的运行费用节约近40%。而且地源热泵"三联供"系统不受环境的影响，不管室外温度有多高，耗电量基本保持不变。而家用风冷热泵空调受环境温度的影响明显，在室外温度超过35℃时，其制冷量会降低，而其耗电量会大幅增加，所以在环境温度比较高的时候，地源热泵"三联供"比家用风冷热泵空调更节能。

10.3　风能与建筑节能

10.3.1　风能简介

风来源于太阳辐射，当太阳光照射到地球表面，地表各处受热不同，产生温差，引起大气的对流运动，从而形成风。

风能是地球上重要的可再生能源之一，具有蕴量巨大、可以再生、分布广泛、没有污染等优点。据估计，到达地球的太阳能中只有大约 2% 转化为风能，但其总量仍是十分可观的。据世界气象组织估计，整个地球上可以利用的风能为 $2 \times 10^7 \mathrm{MW}$，为地球上可以利用的水能总量的 10 倍。风中含有的能量，比人类迄今为止所能控制的能量都要高出许多。全世界每年燃烧煤炭得到的能量，还不及风力在一年内所提供给我们能量的 1%。对于沿海岛屿，交通不便的边远山区，地广人稀的草原牧场，以及远离电网和近期内电网还难以达到的农村、边疆，风能成为解决生产和生活能源的一种可靠途径。

公元前数世纪中国人民就利用风力提水、灌溉、磨面、舂米，用风帆推动船舶前进。在国外，公元前 2 世纪，古代波斯人就利用垂直轴风车碾米，公元 10 世纪伊斯兰人用风车提水。在荷兰风车先用于莱茵河三角洲湖地和低湿地的汲水，以后又用于榨油和锯木，只是由于蒸汽机的出现，才使欧洲风车数目急剧下降，风车型式如图 10-18 所示。

图 10-18　风车型式

中国风能资源丰富，发展潜力巨大。据最新风能资源普查初步统计成果，中国陆上离地 10m 高度风能资源总储量约 43.5 亿 kW，居世界第 1 位，其中技术可开发量为 2.5 亿 kW，此外还有潜在技术可开发量约 0.79 亿 kW，陆上风能资源丰富的地区主要分布在三北地区(东北、华北、西北)、东南沿海及附近岛屿。另外海上 10m 高度可开发和利用的风能储量约为 7.5 亿 kW。

中国风力发电始于 20 世纪 80 年代，发展相对滞后，但起点较高，主要经历了 3 个重要的发展阶段：

（1）1985～1995 年试验阶段：此阶段主要是利用丹麦、德国、西班牙政府贷款，进行一些小项目的示范；

（2）1995～2003 年：在第 1 阶段取得的成果基础上，中国各级政府相继出台了各种优惠的鼓励政策；

（3）2003 年至今：中国国家发展和改革委员会通过风电特许权经营，下放 50MW 以下风电项目审批权，要求国内风电项目、风电机组设备国产化比例不小于 70％等政策，扶持和鼓励国内风电制造业的发展，使国内风电市场的发展进入到一个高速发展的阶段。

10.3.2 风能与建筑节能

风力发电有两种，一种是并网发电，即由风力转化的电力输送到公共供电电网，供全网用户使用（如图 10-19 所示）；另一种是离网发电，即指独立运行的小型风力发电系统，其主要解决偏远无电地区以及单个家庭、企业的用电需要。

（a）　　　　　　　　　　（b）

图 10-19　风电基地
（a）陆上风电场；（b）海上风电场

制造风能机械，利用风力发电是风能利用的两项主要内容。风力发动机是一种把风能变成机械能的能量转化装置，风力发动机由 5 部分组成：

（1）风轮：由二个或多个叶片组成，安装在机头上，是把风能转化为机械能的主要部件，如图 10-20(a) 所示；

（2）机头：是支承风轮轴和上部构件（如发电机和齿轮变速器等）的支座，它能绕塔架中的竖直轴自由转动，如图 10-20(b) 所示；

（3）机尾：装于机头之后，它的作用是保证在风向变化时，使风轮正对风向，如图 10-20(c) 所示；

（4）回转体：位于机头底盘和塔架之间，在机尾力矩的作用下转动，如图 10-20(d) 所示；

（5）塔架：是支撑风力发动机本体的构架，它把风力发动机架设在不受周围障碍物影响的高空中。

风能建筑一体化即风能组件可以融入建筑本体中，其通常为离网发电。在低层建筑中，风能发电组件可在建筑前进行规划，选择在比较空旷的位置安装（如

图 10-21a），既不影响美观又不影响风能的利用，还可以根据用户的多少确定风机组件的容量；另外考虑到风能资源随着高度的增加而增加，可以考虑将风力发电机安放在房顶，如图 10-21(b)；在建筑楼群之间，可以根据风场的分布情况，在风道的垂直方向设置多台风电机组。一体化设计的完成从一开始就要在建筑平

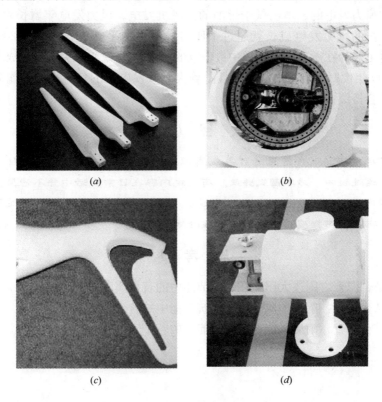

(a)　　　　　　　　　(b)

(c)　　　　　　　　　(d)

图 10-20　风能发电机组

(a)风叶；(b)机头；(c)机尾；(d)回转体

(a)　　　　　　　　　(b)

图 10-21　风能发电机组

(a)空旷场地；(b)建筑屋顶

面设计、剖面设计、结构选择以及建筑材料的使用方面融入新能源利用技术的理念，进一步确定建筑能量的获取方式，再结合经济、造价以及其他生态因素的分析，最终得到一个综合多个生态因素的最优化的建筑设计。

利用风来产生电力所需的成本较低，即使不含其他外在的成本，在许多适当地点使用风力发电的成本已低于燃油的内燃机发电。风力发电年增长率为 25%，近年，美国的风力发电成长就超过了所有发电机的平均成长率。自 2004 年起，风力发电更成为在所有新式能源中最便宜的能源。2005 年风力能源的成本已降到 20 世纪 90 年代时的五分之一，而且随着大瓦数发电机的使用，风力能源成本下降趋势还会持续。

项 目 小 结

本项目介绍了三种常见的可再生能源在建筑节能中的应用及各自的实践方式，在叙述过程中，力求图文并茂。所叙述内容在日常生活中并不常见，然而却是目前国内最先进的可再生能源应用类型，因此，学习者在项目学习过程中，应结合调查实践，拓宽建筑节能应用发展的知识面。

思 考 题

1. 结合调查，阐述太阳能在建筑节能中的若干实践方式。
2. 结合调查，阐述地源热泵在建筑节能中的若干实践方式。
3. 结合调查，阐述风能在建筑节能中的若干实践方式。

项目 11　建筑能源管理技术

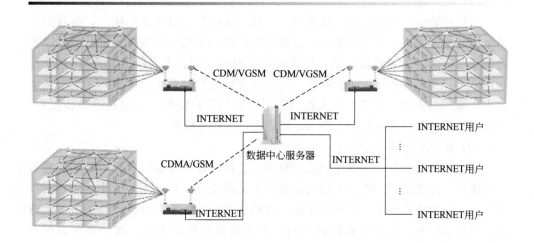

项 目 概 要

　　本项目共分为 5 节内容，依次介绍了公共建筑能源管理的现状、公共建筑空调系统节能管理、公共建筑采暖系统节能管理、公共建筑照明系统节能管理、公共建筑电梯系统节能措施。着重介绍了公共建筑能源管理普遍存在的问题及建筑能源管理的三种模式。本项目选取的空调、采暖、照明作为能源管理案例，是因为三者既是能源消耗重点，又提供给学习者一种理念——即管理也能节能。

11.1 公共建筑能源管理的现状

11.1.1 建筑能源管理的三种模式

（1）减少能耗型能源管理

节约型管理最容易实现，具有管理方便、易操作、投入少的优点，能收到立竿见影的节能效果。其主要措施是限制用能，例如非高峰时段停开部分电梯、提高夏季和降低冬季室温设定值、加班时间不提供空调、无人情况下关灯（甚至拉闸）和人少情况下减少开灯数量等。这种管理模式的缺点也很明显，主要会造成室内环境质量劣化、管理不够人性化、不利于与用户的沟通、造成不满或投诉。因此，管理的底线是必须保证室内环境质量符合相关标准。

（2）设备改善型能源管理

任何建筑都会有一些设计和施工缺陷。更新型管理是指针对这些缺陷和建筑运行中的实际状况，不断改进和改造建筑用能设备。一般而言是"小改年年有"，如将定流量改成变流量、为输送设备电动机加变频器、手动控制改自控等。大改则结合建筑物的大修或全面装修进行，如更换供热制冷主机、增设楼宇自控系统、根据能源结构采用热电冷联产和蓄冷（热）等新技术。这种管理模式的优点是能明显提高能效、提高运行管理水平、减少能源费用和日常维护费用开支、减少人力费用开支。其风险在于需要较大的初期投入（除了自有资金，也可以采用合同能源管理方式）、需要较强的技术支撑以把握单体设备节能与系统节能的关系、避免在改造时或改造后影响系统的正常运行。这种管理的底线是所掌控的资金量能满足节能改造的需要。

（3）优化管理型能源管理

通过连续的系统调试（system commissioning）使建筑各系统（尤其是设备系统与自控系统）之间、系统的各设备之间、设备与服务对象之间实现最佳匹配。它又可以分为两种模式：一种是负荷追踪型的动态管理，如新风量需求控制、制冷机台数控制、夜间通风等；另一种是成本追踪型的运行策略管理，如根据电价峰谷差控制蓄冰空调运行、最大限度地利用自有热电联产设备的产能等。这种方式对管理人员素质要求较高。

11.1.2 几种类型大型公共建筑的能源管理

（1）自有自用建筑

投资者、管理者、使用者有同一隶属关系。如政府机构的办公楼、大学校园、大型企业（如金融企业）的办公楼等。这类建筑的能源管理又有各自的特点。

企业建筑。当能源费用占企业成本中较大比例时才重视能源管理，一般采用最简单的节约型管理；当企业主业经营较好时就会忽视能源管理。如金融企业，其 GDP 的能耗基本就是消耗在建筑上，因此只要分母足够大，能耗成本比例就很小。

高等学校建筑。大学校园是一个小社会，囊括了居住建筑、公共建筑和工业建筑等建筑形态。近年来大学校园的扩张使许多大学都"家大业大"了，教学楼、办公楼里也有了空调等现代化设施。但近年来规模扩张的大学几乎都是靠银行贷款置办家当，所以空调都是买最便宜的、能效等级最低的产品。在校园的日常运营中将节约型管理发挥到了极致。尤其是对住校学生，宿舍里除了电脑和台灯之外，几乎所有生活耗能设备都在严禁使用之列。有的高校在假期里还会关闭一些大楼以降低能耗，使得学校里极为冷清、失去活力。因此，大学校园的能源管理人性化较差。对学生的某些合理的用能需求，应该用加强服务的办法加以疏导。

政府机关建筑。能源费在政府日常开支中一般占最大比重，因此政府机关相对比较重视建筑能源管理。机关的工作性质往往是作息时间难以按统一的时间表进行，加班加点是家常便饭，因此采用节约型管理会影响工作效率，比较容易接受的是合同能源管理方式的设备改善型管理。但物业管理人员在单位地位低下，难有"优化管理"的积极性。个别领导人会对室内热环境提出种种不切实际的和过分的要求，管理人员很难理直气壮地拒绝，他们迫切需要有关运行管理节能的法规和标准出台，以便约束领导者的行为。

（2）出售建筑

有些大楼按面积或整层出售给多家公司，其物业管理统一由一家公司承担。这种大楼的公用设施（如电梯、集中空调、公共照明等）一般不能轻易采用节约型管理，以免引起业主们不满；设备改造也很难取得业主们的共识。因此这种大楼宜采用优化管理型能源管理，应特别重视其能耗分户计量和收费制度。

（3）出租建筑

出租型建筑一般以商场和办公楼居多，是建筑能耗问题最大的公共建筑。现在出租型公共建筑的能源管理模式一般是将能源费用按面积摊派给用户。由于存在能源费收得越多管理公司提取的管理费也越多的不合理规定，因此此类建筑的业主最没有节能的积极性。近年来京津沪等大城市中办公楼租赁市场十分火爆，租金不断上涨，业主和管理者更没有节能的内在动力。只有在房地产租赁市场不景气和竞争激烈的形势下，出租型建筑的业主和管理者才有可能重视能源管理，且往往是以牺牲服务质量为代价。对这类建筑，首先是需要有节能管理的标准法规出台，规范其能源管理。其次是要建立业主和管理者的节能责任制，对于超定额的加价收费，不得转嫁给用户。

11.1.3　公共建筑能源管理普遍存在的问题

（1）对管理对象能耗现状不了解

1）缺乏对单位面积或人均能耗量进行量化的概念。

2）缺乏对各设备系统（例如空调、照明、动力）分项能耗量进行量化的概念，也没有分项计量装置。

3）尽管多数大型公共建筑都有建筑自动化系统，但多数自动化系统能源管理功能薄弱，导致能耗计量和记录不完善和不充分，更遑论基本数据分析和趋势分析。

4）由于没有对自动化系统与设备系统很好地进行联合调试，很多自动化系统的控制功能根本不起作用，很多大楼的运行管理基本上凭经验、用手动，只不过一些手工操作改用点击鼠标代替了。

5）由于房地产市场的不稳定，导致某些公共建筑在使用上的复杂性（运行时间、不同行业的使用方式、入住率、负荷参差率等不同），加大了把握能耗现状的难度。

（2）设计先天不足

1）在业主拼命压低设计费和设计院"赶工抓钱"的大背景下，除了个别样板工程、示范工程，一般建筑很难做到精心设计，建成后的建筑也没有经过精心调试。管理者在接手这样的建筑之后，首先要面对用户对室内环境的抱怨和投诉。由于系统失调，只能以多数房间的能源浪费去保证个别房间的环境质量。

2）设计中对管理的需求考虑不够，没有留足够的检修和维护空间。例如有很多大楼没有留更换空调箱过滤器的空间，既劣化了室内空气环境，又增加了能耗。

3）由于负荷计算和设备选型时宁大毋小，导致多数时间空调系统只运行一台主机就够用，所设置的台数控制和冰蓄冷等技术措施完全不起作用。

4）多数投资者只注重大型公共建筑的外立面的美观以及装修的豪华，不愿意在空调等隐蔽工程和建筑节能等看不见、摸不着的工程上花钱，加上设计院过分迁就业主，各专业之间又缺乏协调配合，导致很多先天的能耗缺陷很难靠后天的管理措施和小修小补来弥补，除非对建筑物做"伤筋动骨"的改造。

（3）缺乏科学的能耗指标和评价标准

公共建筑是提供服务的设施，用单一的能耗限额指标 EUI（energy use index）即单位建筑面积一年的能耗量并不能客观反映出服务质量的高低。有的行业如宾馆和酒店，其营业收入与能耗是相关的，五星级酒店能耗高营业收入也高；而普通旅馆营业收入低能耗也低。这类建筑可以用 GDP 能耗来进行评价。但有的行业如商场超市，利润率很低但负荷却很大，这类公共建筑无论用现有的哪种指标来评价，最终结果是"不用能即节能"，即用停止送新风、提高（夏季）室内设定温度等降低室内环境质量的手段来降低能耗。另外，对某些新技术，如蓄冰空调，如果用单一的 EUI 衡量，则它成了不节能的技术，而实际上蓄冰空调对于降低电厂煤耗、减少污染、减少温室气体排放都是很有意义的。

11.2 公共建筑空调系统节能管理

随着国民经济的发展和人民生活水平的提高，空调系统的应用越来越广泛，空调系统的设备投资在建筑总投资中的比重越来越大，运行能耗也越来越大，尤其是在公共建筑中。一般宾馆、写字楼空调能耗约占总能耗的 30%～40%，大中型商场空调能耗则高达 50% 以上。我国很多城市夏季用电紧张的局面主要是由于建筑空调用电造成的。在我国能源和资源越来越紧张的条件下，如何减少空调系统的能耗是当前研究开发新的节能技术和产品的重要任务。空调系统的节能与很多因素有关，需要在空调建筑的规划设计到空调系统的设计、施工、运行调节的整个过程中贯彻节能的思想，才能取得良好的节能效果。本节分析空调系统在节能方面存在的问题，并对其可采用的主要节能措施加以浅显的分析讨论。

11.2.1　空调系统设计节能管理

不合理的建筑设计与不合理的建筑通风方式以及过于频繁的建筑通风导致空调冷量过高。在能耗较高的一些办公室和综合商厦等建筑中发现，由各种方式(如开窗通风、机械排风等)造成的室内外通风换气形成的冷负荷，有时可占总的冷负荷的50%以上。因此，在满足室内空气质量的前提下，在炎热季节尽可能减少各种原因造成的室内外通风换气，可以有效减少空调耗冷量；此外，大型玻璃幕墙等不合理的围护结构，带来大量的太阳热量，也导致空调冷负荷过高。

不合理的系统和设备选型以及运行方式，导致空调系统效率过低。例如，由于设计不合理和缺少有效的调节手段，使冷机、水泵、风机长期在偏离高效点的状态下工作，导致其能源利用率不到其高效工况点工况的50%；停止的冷机未能及时关闭水回路，使得相连接的循环水泵只能多台运行，水泵的能耗增加一倍；承担能量输送功能的风机水泵由于设计偏大，实际上长期小温差运行，使风机水泵能耗高于正常状况一倍或更多。

暖通空调系统传统的设计方法为工况设计方法，所谓工况设计方法，就是先选定最不利的情况作为"设计工况"，对暖通空调系统而言，就是可能出现最大热负荷或最大冷负荷的情况，前者称为冬季设计工况，后者称为夏季设计工况。设计工况的各种设计条件参数都看成是固定不变的，暖通空调系统设计方案和设备的选择都是根据满足设计工况的最大负荷的需要来确定的，使用的计算方法自然也都是静态或稳态的。然而，暖通空调系统在全年的运行过程中，情况是不断变化的，运行过程的绝大部分时间都不是在设计工况的条件下进行的。在设计工况的条件下选择的设备都具有比较高的效率，在部分负荷条件下运行时，效率就大幅度降低，这时就造成了能源的浪费。

大型公共建筑的空调系统的经济性分析包括系统的初投资、年运行费用以及制冷设备占有面积等。在系统方案设计中，初投资与运行费用常常是矛盾的两个方面。往往节能的、运行费用低的系统方案的初投资比较大。由于很多大型公共建筑的投资者与使用者分离，或者是大型公共建筑的投资者对空调系统的性能指标，尤其是初投资与运行费用的综合经济性指标缺乏专业认识，不重视或不懂得进行综合投资收益计算，在选择方案时，只重视初投资的大小，而不重视运行能耗的大小。这导致工程建设方对采用高成本的节能方案没有积极性，往往也不得不采用成本低、初投资低的设计方案，以赢取工程项目。

这就使得很多初投资低但能耗大、运行费用高的空调系统大行其道。例如：地源热泵空调用循环冷却水系统代替地耦换热器，室外系统工程造价降低，但机组的高能效比优势没有发挥出来；冷凝器、蒸发器的传热面积过小，设备价格降低，但系统匹配不好，运行时间增加；冷冻水采用大循环供水而不使用变水量控制，控制系统简单、成本低，但水泵能耗增加；送、回风管和冷冻水管的保温层过薄，密封性不够，输送能耗增加；用风代替水冷，冷却系统简单投资省，但增加了城市的热岛效应等等。

11.2.2 空调系统设计节能措施

（1）采用更科学的空调设计方法

暖通空调系统的设计决策中不能只考虑设计工况，还应当顾及整个运行过程。暖通空调系统运行中要消耗大量能源，在技术经济比较中也不能不把初投资和运行费用总和加以考虑，这就要求在设计过程中必须预估全年的能耗，才能做出正确的比较。新颁布的建筑节能标准规定的各项综合评价指标都是采用动态方法计算的，传统的工况设计方法已经无法确定所选定的设计方案是否满足综合评价指标限值规定的要求。优化运行调节过程也是降低运行能耗的重要方面。此外，暖通空调负荷不仅有明显的季节性，即使在同一天，负荷也是不平衡的，电力供应部门每年已开始实行分时电价，即对电力负荷的高峰期和低谷期采用不同的电价，达到均衡电力需求的目的，并鼓励暖通空调采用蓄能式系统，充分利用需求"低谷期"的廉价电力，冰蓄冷空调技术也就应运而生。对这类空调系统的设计，自然也必须采用过程设计方法。

在设计过程中，我们关注的不能只是某个固定不变的"设计工况"，而应更加着眼于考察各种运行过程的情况。

（2）确定合理的空调冷负荷

空调冷负荷由三大部分组成：一是空调房间的冷负荷，包括由于室内外温差引起的建筑物围护结构传入室内热量形成的冷负荷；太阳辐射传入热量形成的冷负荷；人体散热、散湿形成的冷负荷；室内灯光照明散热形成的冷负荷和室内其他设备的散热、散湿形成的冷负荷。二是室外新风负荷。为了满足空调房间空气质量的需要，必须向空调房间输送一定量的新鲜空气，而冷却室外新鲜空气所消耗的冷量为新风冷负荷。三是系统冷负荷。它包括空调风管、水管、风机、水泵、水箱等温度升高而引起的附加冷负荷。

围护结构传热、太阳辐射散热以及室外新风所形成的冷负荷与建筑物的周围环境、所处的位置、外界的气候条件、太阳辐射强度与时间、建筑物外围护结构材料的选用、外墙上开窗面积的大小和建筑体形系数都有直接的关系，而这些因素都与建筑设计有直接的联系。人体散热、散湿与建筑性质和使用要求有关。例如，商场空调冷负荷中，人体散热、散湿约占50%、新风负荷约占30%；又如在电影院里，人体散热、散湿也是占主要的负荷，但它属于间断使用，使用时间也不长，而且人体散热、散湿本身也不是稳定的。综合大楼，空调房间也不一定都同时使用。因此，空调冷负荷是随时间不断变化，且影响负荷变化因素很多。空调冷负荷的计算是空调工程设计中最基础的计算工作，冷负荷计算的准确性直接影响到工程投资费用、能耗、运行费以及使用效果。

（3）合理地降低室内温、湿度的设计标准

夏季室内温度越低，相对湿度越低，系统设备耗能越大；冬季室内温度越高，相对湿度越高，系统耗能也越大。因此，通过修订夏季过低和冬季过高的室内温湿度可以减小空调系统的能耗。但从人体舒适度的角度来说，室内温湿度又不是可以无限减小或升高的，因此，空调系统运行时民用建筑室内空气参数设定值应控制在合理范围内，不盲目追求高标准，而应该合理降低标准，以降低运行能耗。

（4）合理确定新风量的设计标准

在一个空调系统中，使用的新风量少，则处理空气所需要的冷量就少，因而该空调系统就越经济。但是，新风量的减少不是无限制的，它应当满足室内人员的卫生条件要求所需要的最小新风量。大型公共建筑多采用集中式或半集中式空调系统，其新风量标准的确定是影响能耗的一个关键因素。

（5）合理选择空调系统的形式

空调系统形式的不同，对空调系统运行能耗有较大的影响。在以舒适性为主的空调系统中，尽量不采用定风量再热式系统，而应当采用较大的送风温差。在办公、商业等大型公共建筑的内区，变风量空调系统是节能空调的一种形式。

近年来，冰蓄冷技术的发展，可以为空气处理提供 $1.1 \sim 3.3 ℃$ 的低温冷冻水，这为在空调系统中采用低温送风方式创造了条件。对于集中式空调系统，在与冰蓄冷相结合的条件下，低温送风与常规全空气送风方式比较，具有初投资少、运行费用低、节省空间等热点，是值得关注的节能空调方式。

11.3　公共建筑采暖系统节能管理

统计和分析表明，大型公共建筑单位面积的采暖能耗一般情况下仅为住宅或公共建筑的 $50\% \sim 80\%$，并且大型公共建筑中的采暖方式也多以空调采暖为主，一少部分采用与住宅相同的采暖方式，即集中供热。其节能措施可以借鉴住宅采暖节能的措施。

11.3.1　采暖系统节能问题

（1）冬季寒冷地区的室内都有采暖设备，此外人体、家电、照明、办公设备等的散热和太阳通过墙体、屋面和窗户传入室内的辐射热，使得室内温度比室外要高许多。由于室内外存在较大的温差，而且建筑的围护结构（包括外墙、屋顶、门窗和地面等）绝热性和密闭性不好，因此，热量就必然从温度较高的室内向温度较低的室外散失。在向外散失的总热量中，约有 $70\% \sim 80\%$ 是通过墙体、屋面结构的传热向外散失的，其余约有 $20\% \sim 30\%$ 是通过门窗缝隙的空气渗透向外散失的。可见，围护结构的保温性能是采暖能耗大小的一个重要影响因素，其次，门窗的密闭性对大型公共建筑的采暖能耗也有一定的影响。

（2）当前大型公共建筑的采暖方式多为空调采暖，即将电能转化为热能进行取暖。其间，经历了一次能源（煤、水等）向二次能源（电）的转化，从能源的品位上来说，是由低品味能向高品位能的转化。但在使用空调进行采暖的时候，则是将高品位能（电能）转化为低品位能（热能）使用了，这样就造成了能源品味与其使用目的的不匹配，由此造成浪费。

（3）对于采用集中供热的大型公共建筑，也存在很多问题。首先，集中供热系统冷热不均，部分过热，导致热量损失。国内大部分集中供热系统的建筑物内采用单管串联方式或者改进的单管串联方式，基本不具备末端调节手段。由于同一供热系统内的建筑物各个房间的散热器面积与房间内的热负荷之比并不完全一致；实际流量与设计流量不完全一致；流量与供水温度不能准确地随气候变化而改变；以及建筑物内部区域由于太阳得热及其他热源造成局部过热等原因，系统普遍存在不同建筑间的区域失调，建筑物内的水平失调，以及不同楼层间的垂直失调。根据模拟分析计算，当满足最冷房间温度不低于16℃要求时，由于部分区域的过热导致的多供出的热量为总供热量的20%～30%。其次，集中供热系统总的供热参数不能随气候的变化即时调整，造成供热初期和末期气候较暖时过度供热，造成很大的热损失。这部分损失根据运行调节水平和系统规模不同，一般为总供热量的3%～5%。最后，是供热网络中的问题。部分锅炉房效率低下，部分外网保温不当，也造成额外的热损失。

11.3.2 采暖系统节能措施

（1）加强围护结构的保温性能

夏热冬冷地区的建筑外墙既要保温又要隔热，其保温隔热性能应该符合建筑节能设计标准的规定，还要防止保温层渗水、内部结露和发霉。一般采用厚实材料加轻质材料的复合构造做法，外墙的外表面，宜采用浅色饰面层。试验表明，围护结构的传热系数每增大$1W/(m^2 \cdot K)$，在其他工况不变的条件下，空调系统和采暖系统设计计算负荷增加近30%，所以改善建筑外围护结构的保温性能是建筑设计上的首要节能措施。

近年来，在建筑外墙保温隔热技术发展中，主要形成了外墙内保温、外墙外保温和复合墙体保温体系三种技术形式。复合墙体保温体系因设计特殊保温板材和混凝土墙体的整体浇捣工艺，需要通过大量时间来检验其效果和安全性。外墙外保温技术在欧美已经有40余年的应用历史，在我国北方城市也积累了大量经验，与外墙内保温技术相比，具有以下明显优势：①保护主体结构、延长建筑物寿命；②基本消除"热桥"的影响；③使墙体潮湿情况得到改善；④有利于室温保持恒定；⑤便于旧建筑物进行节能改造；⑥可以避免装修对保温层的破坏；⑦避免了房屋使用面积的损失。

目前外墙外保温技术应用较为普遍。需要注意的是，上述优点是在确保材料合格，构造设计合理以及施工工艺科学的前提下的理想效果，如果其中任何一个环节出现问题，都可以造成墙面开裂、渗水、保温失效，甚至会埋下安全隐患。

（2）使用节能屋面

屋面的保温节能一般对建筑的造价影响不大，但节能收益却十分明显，所以一定要重视屋面的保温。目前的节能屋面技术有很多，并且已经相当成熟，例如倒置式屋面、种植屋面等。也可以在平屋面防水层上面铺设100～500mm厚的加气混凝土块，或铺设混凝土薄板等架空隔热层，或涂刷白色或浅色涂料。在屋顶内表面贴低辐射系数材料（如铝箔等），以降低屋顶内表面与人体之间的辐射换热。

（3）提高门窗的密闭性，控制窗墙比，采用遮阳系统按门窗面积占建筑面积的 20％测算，建筑物外围护结构的能耗有近 35％属于门窗的损耗，所以提高门窗的节能在降低能耗的工作中尤为关键。近年来大型公共建筑的窗墙比有越来越大的趋势，并且多采用大的玻璃幕墙，因此，当窗墙比超过规定值时，首先应考虑减小窗户的传热系数，采用节能玻璃幕墙。《公共建筑节能设计标准》在窗墙比的范围上列出了从 20％到 70％时对窗户热工参数的规定，可以覆盖一般的玻璃幕墙，某个立面即使是采用全玻璃幕墙，扣除掉各层楼板以及楼板下面梁的面积（楼板和梁与幕墙之间的间隙必须放置保温隔热材料），窗墙比一般不会超过 0.7。这一规定比对住宅窗墙比的要求低了许多，既达到了保温效果，又照顾到了公共建筑体型多变的特点。另外，科学合理的遮阳系统可以阻止热量进入室内，起到很好的节能作用。

（4）设置合理的室内温度

目前，国家仅仅给出了民用建筑采暖季节的最低室温标准，而对大型公共建筑的采暖季节供热室温没有给出一个明确的规定。因为大型公共建筑的功能不同，室内自身产生的热量也不一样，因此，如果空调的室温规定千篇一律，则会造成有的大型公共建筑过热，而有的又供暖不足的现象。因此应该根据大型公共建筑功能的不同，来确定不同的室温标准。

例如，大型商场人流量大，人流持续的时间长（从商场开门营业到晚上下班休息，全天内的人流量都很大），且里面的人员都处在不停的活动状态，因此，建筑内部的发热量就比较大，空调的温度就应该定的低一些，不能跟一般的民用建筑一样采用相同的最低温度标准。否则，会出现由于室内过热而不得不开窗散热的现象，造成能源的不必要浪费。

11.4　公共建筑照明系统节能措施

大型公共建筑内结构复杂，功能多样，要满足各种不同的功能，所需要的照度也是不同的，因此，要针对各个部位功能的不同，进行分区。

大型公共建筑中的照明问题主要是因为建筑进深大，建筑内的很大部分面积都很难被自然光源照射到，室内自然光源分布不均，全靠人工光源来予以补充。如果室内的光源均匀分布，就会造成能够接收到自然光源的区域光线过强或者接收不到自然光源的区域光线较弱，造成电能的浪费或者是使人们的眼睛容易感到疲劳。因此，对大型公共建筑进行照明分区，以便确定各个区域的照度。

大型公共建筑的照明电耗为单位建筑耗电量 $10\sim40kWh/(m^2 \cdot a)$（大型商场由于橱窗展示的需要，但又基本无外窗，照明能耗高于此值）。采用节能灯具，使此部分用电大幅度降低，采用照明调节与控制装置技术的实施和推广，并配以有效的节能意识与节能管理，大型公共建筑的照明用电可以在目前基础上降低 30％。

照明节能途径有两条，一是节能灯的使用，二是加强管理。加强管理是更简单而有效的途径。选用不同的光源、镇流器以及采用光控、声控和分区域控制等技术，通过加强管理，避免白天开灯、养成随手关灯等习惯能够带来可观的效益。照明节能的具体方法如下：

（1）科学选用电光源

科学选用电光源是照明节电的首要问题。当前，国内生产的电光源的发光效率、寿命、显色性能不断提高，节能电光源不断涌现。电光源发光原理可分为两类。一类是热辐射电光源，如白炽灯、卤钨灯等。另一类是气体放电光源，如汞灯、钠灯、氖灯、金属卤化物灯等。各种电光源的发光效率有较大差别，气体放电光源比热辐射电光源高得多。一般情况下，可逐步用气体放电光源替代热辐射电光源，尽可能选用光效高的气体放电光源。

高压钠灯光效是白炽灯的 8～10 倍，寿命长、特性稳定、光通维持率高，适用于在显色性要求不高的道路、广场、码头和室内高大的厂房和仓库等场所照明。金属卤化物灯，具有光效高、显色性好、功率大的特点，适用于剧院、总装车间等大面积照明场所。

荧光灯比白炽灯节电 70％，适用于办公室、宿舍及顶棚高度低于 5 米的车间等室内照明。紧凑型荧光灯发光效率比普通荧光灯高 5％，细管型荧光灯比普通荧光灯节电 10％，紧凑型和细管型荧光灯是当今"绿色照明工程"实施方案中推出的高效节能电光源。

在开、闭频繁、面积小、照明要求低的情况下，可采用白炽灯。双螺旋灯丝型白炽灯比单螺旋灯丝型白炽灯光通量增加 10％，可根据需要优先选用。

（2）合理选择照明灯具

灯具的主要功能是合理分配光源辐射的光通量，满足环境和作业的配光要求，不产生眩光和严重的光幕反射。选择灯具时，除考虑环境光分布和限制眩目的要求外，还应考虑灯具的效率，选择高光效灯具。在各类灯具中，荧光灯主要用于室内照明，汞灯和钠灯用于室外照明，也可将二者装在一起作混光照明。这样做光效高、耗电少、光色逼真、协调、视觉舒适。

（3）合理选择照度和照明方式

选择照度是照明设计的重要问题。照度太低，会损害工作人员的视力，影响产品质量和生产效率。不合理的高照度则会浪费电力。选择照度必须与所进行的视觉工作相适应。工厂照明可按国家颁布的《工业企业照明设计标准》TJ 31－79来选择照度，综合考虑照明系统的总效率。

在满足标准照度的条件下，为节约电力，应恰当地选用一般照明、局部照明和混合照明三种方式，当一种光源不能满足显色性要求时，可采用两种以上光源混合照明的方式，这样既提高了光效，又改善了显色性。

另外，充分利用自然光，正确选择自然采光，能改善工作环境，使人感到舒适，有利于健康。充分利用室内受光面的反射性，能有效地提高光的利用率，如白色墙面的反射系数可达 70％～80％，同样能起到节电的作用。对于感应照明方式的选用要分不同的场合。对于在照明期间需要持续照明的区域，应安装光感应灯；对于在照明期间仅需间断照明的区域，则应该使用声感应灯。

（4）加强照明用电的管理，杜绝浪费

加强照明用电管理是照明节电的重要方面。照明节电管理主要以节电宣传教育和建立实施照明节电制度为主，使人们养成随手关灯的习惯；按户安装电表，实行计度收费；对集体宿舍安装电力定量器，限制用电，这些都能有效地降低照明用电量。当灯泡积污时，其光通量可能降到正常光通量的 50％以下。灯泡、灯具、玻璃、墙壁不清洁时，其反射率和透光率也会大大降低。为了保证灯泡的发光效果，工厂应根据照明环境定期清洁灯泡、灯具和墙壁。

（5）其他照明节电措施

照明线路的损耗约占输入电能的 4％左右，影响照明线路损耗的主要因素是供电方式和导线截面积。大多数照明电压为 220V，照明系统可由单相二线、两相三线、三相四线三种方式供电。三相四线式供电比其他供电方式线路损耗小得多。因此，照明系统应尽可能采用三相四线制供电。

11.5 公共建筑电梯系统节能措施

11.5.1 电梯系统的耗电状况

电梯系统是大型公共建筑的用电老虎之一，其耗电量之大不容忽视，在对宾馆、写字楼等建筑用电情况调查统计结果显示，电梯用电量占建筑总用电量的 17％～25％以上，仅次于空调系统的用电量，高于照明系统、供水系统等的用电量。据了解，目前我国星级酒店每平方米建筑面积的平均年耗电量为 150kWh，其中将近一半用于电梯供电。因此，做好电梯系统的节能，无疑能为大型公共建筑的节能作出很大贡献。

在《建筑节能管理条例》、《节能法》中，空调、灯具、建材等元素均被列入了节能标准，但作为现代建筑最大用电老虎之一的电梯，在相关建筑节能或其他相关能源再生法规的各项法令条款中却处于"缺席"状态，这些条令都没有。电梯的这种在建筑节能系列标准中的缺席状态，使得节能系列法规的制定和调整略显欠缺。数据显示，2006 年全国正在使用的电梯有 50 多万台，而 2005 年电梯的采购比 2004 年的 10.8 万台就增加了 14％还要多，达到 12.5 万台；但是，我国的节能电梯比例只有不到 2％，对耗电来说，电梯节能已经完全是国民经济发展的需要，而且迫在眉睫。

我国 2004 年新装的电梯如果 80％采用节电 34％的节能电梯，按每天使用 8 小时计算，新安装的电梯可以节约耗电 16 亿 kWh，如果 2005 年所有正在使用的电梯中 80％采用节能电梯，全年可以节约耗电 122 亿 kWh。到 2015 年全国所有电梯如果不采用节能电梯，等于浪费耗电 800 亿 kWh。而根据"三峡工程"的背景资料，三峡工程预计投资 900.9 亿元，全部发电机组发电后，年发电量是 847 亿 kWh。因此，比较得出，到 2015 年前三峡工程全部建成，开始进入全部发电的成熟期时，电梯浪费几乎已经可以抵消造价 900 亿元的三峡工程一年的发电量。

11.5.2 电梯系统节能措施

节能电梯的最主要特征就是采用节能型电梯主机与节能型电梯技术以及采用节能型井道设计。这三个方面全部可以达到节能目的的方可称为节能电梯。节能电梯包括无机房电梯和节能型小机房电梯。节能电梯中的小机房电梯可以比普通电梯节约土建成本约 3 万元,且设计施工更简单,而耗电量则可以节约三分之一以上。节能电梯中的无机房电梯则又能够在小机房电梯的土建成本的基础上再节约 2 万左右。节能电梯不只是电梯本身节能,还可以减少土建成本和减少材料的使用,在另一个环节上达到了节约能源的目的。另外,电梯的正确使用、合理改造也将对电梯的节能起到积极的作用。

近期,有公司推出能源再生电梯,引起了电梯界和建筑界的高度关注。这款电梯将"能源再生"的专利技术同无齿轮技术相结合,节能效率远远领先于传统的有齿轮电梯产品,最大节能可达 70%!这款能源再生电梯系统最大突破就是将传统环保产品单纯"节"能特点,向"造"能方向进行了转变。据该公司的技术负责人介绍:"在一般的非能源再生系统中,在制动运行时由于电能通过电阻器转化为热能,造成效率降低,并给建筑带来额外的热量负担。而'能源再生'技术则可以将这些能量返回到电网,为其他负载或同一网络中相连的其他用户所用"。模拟测试结果显示,在同等时间内,电梯运作次数越多,所"造"的电能也就越多。这个特性将会使电梯使用频率非常高的高档商务写字楼、星级酒店、中高档住宅这样的高端建筑场所尤其受益匪浅。

电梯的节能效果与电梯的功率、电梯整个系统、电梯的平衡系统等各个方面都有关系,以下几类情况下节能效果更好:

1) 楼层越高的电梯,制动频繁,节能效果越好;

2) 越新安装使用的电梯,机械惯性大,节能效果越好;

3) 速度越快的电梯,制动频繁,节能效果越好;

4) 使用越频繁的电梯,制动频繁,节能效果越好。

根据国家权威部门统计,电梯中电动机拖动系统消耗的电能占全国总耗电量的 65% 左右,是名副其实的用电大户。因此,电机拖动系统的节约电能对整个电梯系统的节能具有重要的社会意义和经济效益。电机拖动系统的调速节能潜力巨大,是工矿企业一直努力追求的目标,也是国家宏观部门节能降耗重点关注的方向。我国政府在本世纪初就提出了电机系统节能计划,计划在今后 5 年内,投入 600 亿元,争取年节电达到 1200 亿 kWh。国家制定的建立节约型社会文件中把电机拖动系统节能工程作为六大节能举措之一,可见,国家已经把电机拖动系统节能工程提高到更加突出的实施规划中。电机拖动系统节约电能的途径主要有两大类:

(1) 提高电机拖动系统的运行效率,如风机、水泵调速是以提高负载运行效率为目标的节能措施,再如电梯曳引机采用变频器调色取代异步电动机调压调速是以提高定动机运行效率为目标的节能措施;

(2) 将运动中负载上的机械能(位能、动能)通过能量回馈其变换成电能(再生电能),并回送给交流电网,供附近其他用电设备使用,使电机拖动系统在单位时间内消耗的电网电能下降，从而达到节能的目的。

项 目 小 结

　　本项目介绍了公共建筑能源管理现状，着重讲述了建筑能源管理的三种模式，阐述了几种大型公共建筑的能源管理的类型，明确了公共建筑能源管理普遍存在的问题。详细介绍了空调系统、照明系统和电梯系统的节能管理和节能措施。通过本项目的学习，使学习者熟悉公共建筑能源管理的模式，掌握空调、采暖和照明系统的具体节能管理方法。

思 考 题

　　1. 建筑能源管理的三种模式是什么？

　　2. 采暖系统节能措施有哪些？

　　3. 电梯的节能效果与电梯的功率、电梯整个系统、电梯的平衡系统等各个方面都有什么关系？

　　4. 请简述"空调系统设计节能管理"的具体要求。

项目 12　建筑节能检测与验收

国家节能认证

2007-01-16　发布　　　　2007-10-01　实施

中华人民共和国建设部
中华人民共和国国家质量监督检验检疫总局　联合发布

项 目 概 要

　　本项目共分4节内容，建筑节能验收与检测、建筑节能验收规范和外墙保温节能现场验收、钻芯法在墙体节能验收中的应用等。依次介绍了节能验收程序、建筑节能检测参数、实验室节能检测、现场检测、检测方法和建筑节能评价等内容，使学习者对建筑节能检测有一个初步认识，并对建筑节能验收规范的重要内容进行逐条讲解，详细说明了外墙保温工程现场检测验收方法和过程。要求学习者重点掌握节能的检测方法、验收的程序和钻芯法等内容。

12.1 建筑节能验收与检测

建筑节能设计方案对其热工性能进行理论计算评定，但不能反映建筑物实际状况和施工过程的偏差，更不能满足建筑质量监督管理部门的要求。建设工程竣工验收前，建设单位应当委托节能检测机构进行检测。

没有科学的检测方法和合理的评价体系，建筑节能将成为空中楼阁。建筑节能检测最直接的作用就是可以监督开发商、施工单位，按照节能设计标准设计和施工，不偷工减料，不以次充好，保证建筑节能性能合格；引导建筑产业良性发展。节能检测可推动建筑产业的升级，有利于建筑节能产品的开发和建筑节能产业的形成。节能检测和节能评价是建筑节能工作中不可或缺的组成部分。

节能检测是用科学的仪器和实验方法，得出具有权威性的检测结论，为评价建筑物的节能效果提供必要依据，从而推动建筑节能的发展。

一般节能验收必须按照以下顺序进行：

1）检测机构接受检测委托书后对工程进行检测，出具《建筑节能热工性能现场检测报告》；

2）建设单位将报告报送建筑节能管理部门，申请节能认定。建筑节能管理部门组织专家对建设项目及时进行评审，经评审合格的工程项目，颁发《建筑节能认定证书》；

3）建设单位凭证书办理竣工验收备案手续。

凡未取得《建筑节能认定证书》的工程项目，一律不予办理竣工验收备案手续，并责令建设单位限期整改，整改后重新申请认定。

12.1.1 节能检测分类和检测项目

（1）节能检测分类

1）实验室与现场检测

与常规建筑工程质量检测一样，建筑节能工程的检测也可分为实验室检测和现场检测两大部分。实验室检测是指测试试件在实验室加工完成，相关检测参数均在实验室内测出；现场检测是指测试对象或试件在施工现场，相关的检测参数在施工现场测出。

2）型式检测与抽样检测

从建筑节能工程施工质量控制过程来分，建筑节能检测分进场部品构件材料、保温隔热节能系统及组成材料的型式检测（简称型式检测）和现场抽样复查检测（简称复检）以及现场监督检查检测（简称监督检测）。型式检测是建筑节能部品构件材料、保温隔热节能系统进入建筑工程施工现场的必要条件，进入施工现场的建筑材料和构件应具有检测参数齐全的有效型式检测报告。此外，因建筑工程使用建筑节能部品、构件材料量大，现场施工人员文化程度大多不高，对新的建筑节能新产品和系统均不熟悉，且缺乏相关的实际操作使用经验，故对进入现场的建筑节能部品构件材料、保温隔热节能系统组成材料抽样进行复查抽检非常必要。

3）政府的监督检查

由于建筑节能工作大量大，推广时间不长，建筑工程设计、施工和供应等各层面的相关人员对建筑节能技术、节能系统产品认识普遍有待提高。政府及其职能部门的定期与不定期对建筑节能施工过程中的监督检查，可以及时纠正设计环节中出现的纰漏，杜绝施工阶段伪劣"节能产品"混入施工现场，避免"豆腐渣"工程。

（2）节能检测分类

1）节能材料

建筑节能材料及产品或保温系统组成材料的检测包括"保温隔热板材料"、"保温隔热浆体材料"、"粘结层及保护层材料"、"玻纤网、腹丝、锚固件"等具体检测项目。建筑节能材料及产品、保温系统组成材料的型式检测，需按其相应产品标准或技术规程全项目检测。建筑节能工程施工现场抽样，则需复核保温材料的密度、导热系数、蓄热系数、强度、收缩与稳定性、粘结层及保护层材料抵抗外拉力的性能、增强材料抗拉能力等。

2）系统性能

耐候性试验；外保温的耐气候性试验（对饰面层进行室外气候模拟试验，主要是经过加热—淋雨—冻融的方法对饰面层进行多次循环达到考验饰面层耐气候性能好坏的目的）；抗风压性能试验；抗冲击性能试验；吸水量试验；耐冻融性能试验；热阻试验；抹面层不透水性试验；保护层水蒸气渗透阻试验。

3）建筑外门窗

抗风压性能检测；水密性能检测；气密性能检测；外窗保温性能检测。

4）节能工程施工质量

保温板系统中板材粘贴面积及粘贴强度；保温浆料系统中保温砂浆厚度及粘贴强度；硬质泡沫聚氨酯保温系统中保温层的厚度；固定锚栓件的抗拔强度；外墙面砖粘贴的粘贴强度。

（3）现场检测

当对保温施工质量有怀疑或采用保温材料无相关产品认证手续，无验收标准或保温材料无热工性能检验报告，保温体系无型式检验报告时，需在建筑节能保温系统施工完成后进行现场检测。检测内容包括"构件或复合构件传热阻"和"自然条件下内表面温度"等项目的检测。

12.1.2　检测方法

建筑节能常用检测方法有 4 种。

（1）热流计法

通过热流计法来测量建筑物围护结构或各种保温材料的传热量及物理性能参数，是目前国内外常用的现场测试方法，国际标准、美国 ASTM 标准都对热流计法作了较为详细的规定。

热流计法检测基本原理为：在被测部位至少布置两块热流计，在热流计的周围布置 4 个铜—康铜热电偶，对应的冷表面上也相应的布置 4 个热电偶，通过导线把所测试的各部分连接起来，将测试信号直接输入微机，通过计算机数据处理，可打印出热流值及温度读数。通过瞬变期，达稳定状态后，计量时间包括足够数量的测量周期，以获得所要求精度的测试数值。为使测试结果具有客观性，测试时应在连续采暖（人为制造室内外温差亦可）稳定至少 7 天的房间中进行，检测时间宜选在最冷月份且应避开气温剧烈变化的天气。在设置集中采暖或分散采暖系统的地区，冬季检测应在采暖系统正常运行后进行；在无采暖系统的地区，冬季应采用电暖气人为提高室内温度后进行检测。其他季节可采取人工加热或制冷的方式建立室内外温差。围护结构高温侧表面温度宜高于低温侧 10℃以上并且不低于 10℃，在检测过程中的任何时刻均不得等于或低于低温侧表面温度。一般来说，内外温差愈大（要求必须大于 20℃），则其读数误差相对愈小，所得结果亦较为精确，其缺点是受季节限制。热流计法检测持续时间不应少于 96 小时，室内空气温度应保持基本稳定，被测区域外表面宜避免雨雪侵袭和阳光直射。

（2）热箱法

热箱法是测定热箱内电加热器所发出的全部通过围护结构的热量及围护结构冷热表面温度。热箱法基本检测原理是用人工制造一维传热环境，被测部位内侧用热箱模拟采暖建筑室内条件并使热箱内和室内空气温度保持一致，另一侧为室外自然条件，维持热箱内温度高于室外温度 8℃以上，这样被测部位的热流总是从室内向室外传递，当热箱内加热量与通过被测部位的传递热量达到平衡时，通过测量热箱的加热量得到被测部位的传热量，经计算得到被测部位的传热系数。热箱法基本不受温度的限制，只要室外平均空气温度在 25℃以下，相对湿度在 60％以下，热箱内温度大于室外最高温度 8℃以上就可以测试。热箱法也有一定的局限性，热桥部位无法测试，缺少有关热箱法的国际标准或国内权威机构的标准。

（3）红外热像仪法

红外热像仪是集先进的光电子技术、红外探测器技术和红外图像处理技术于一身的非接触式的新型建筑节能测量技术。红外热像仪法不会破坏被测温度场，对测量物体表面温度分布，具有比其他测温技术更为显著的优越性。除具有红外测温仪的优点（如非接触、快速、能对运动目标和微小目标测温等）外，还具有直观地显示物体表面温度场、温度分辨率达 0.01℃、多种显示方式、可进行数据存储和计算机处理、操作简单、携带方便等优点。

红外热像仪可远距离测定建筑物围护结构的热工缺陷（如：空洞、热桥、受潮、剥落等），通过测得的各种热像图可表征有热工缺陷（建筑结构的形状和构造复杂多样，保温隔热墙体中不可避免地会出现各种热桥，加上某些节点的设计和施工疏漏，都会造成建筑保温墙体的热工缺陷）和无热工缺陷的各种建筑构造，并可以准确锁定缺陷部位的位置和大小。

（4）气密性的测定方法

测定建筑物的气密性通常用 2 种方法：

跟踪气体法和压力法：可以测出实际气候条件下房间的换气次数，通常采用

2 种跟踪气体，即 SF_6(六氟化硫)和 NO(一氧化氮，俗称笑气)。压力法根据人为加压或减压条件下测量房间空气渗透情况，检测不受季节和气候条件影响，可用于控制房间气密性质量要求。外窗气密性能检验(如图 12-1 所示)。

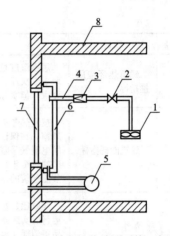

图 12-1　外窗气密性能检测系统一般构成
1—送风机或排风机；2—风量调节阀；3—流量计；4—送风或排风管；5—差压表；6—密封板或塑料膜；7—被测试外窗；8—墙体围护结构

12.1.3　建筑节能评价

为了得到建筑节能效果，仅仅靠节能检测是不够的，必须有行之有效的评价方法，即根据检测所得的各项指标对建筑节能作出科学的评价。

(1) 规定性指标

工程界和有关部门在总结工程实践经验和科学研究成果的基础上，针对典型工程条件，对关键参数值作出规定，以标准规范的形式给出，即规定性指标。衡量建筑是否节能，可以用规定性指标，即由建筑围护结构传热系数、建筑体形系数、窗墙比等指标来做出评价。根据围护结构测试结果分析指标，见表 12-1。

测试结果分析指标　　　　　　　表 12-1

序号	项目	要　　求
1	传热系数	外墙平均传热系数，屋面、地面、门窗传热系数宜小于"标准"规定的限值
2	热桥内表面温度	热桥内表面温度应达到不出现结露的要求
3	门窗气密性	门窗的气密性等级宜满足"标准"的限定要求
4	窗墙面积比	各朝向的窗墙面积比宜满足"标准"的要求
5	体形系数	建筑体形系数宜满足"标准"的规定限制
6	热惰性	建筑围护结构宜具有较好的热惰性要求

(2) 节能综合指标

规定性指标在一定范围主要考虑普遍情况是适用的、合理的。由于建筑能耗、建筑热环境质量、室内空气质量和气候环境、建筑热工性能、建筑功能、规划布局等众多因素之间存在错综复杂的且互相影响的关系，建筑节能参数的确定难度很大，规定性指标对适用范围内的某个具体工程往往不是最佳的。除了规定性指标体系外，建筑节能评价还有一套并行的指标体系，即节能综合指标体系。它是用居住建筑的采暖空调的能耗指标来评价建筑是否节能，也称为性能性指标。性能性指标由建筑热环境的质量指标和能耗指标两部分组成，对建筑的体形系数、窗墙比、围护结构传热系数等技术参数不再作硬性规定。见表 12-2。

建筑围护结构要求　　　　　　　　　　　　　　　　表 12-2

序号	项目	具体要求
1	建筑热环境质量指标	居室温度夏季控制在 26~28℃，冬季控制在 16~18℃；冬夏季换气次数取 1.0 次/h。考虑到一般住宅极少控制湿度、风速等参数，故没有对其作出要求，但实际上，在空调器运行的情况下，这些参数会明显改善
2	建筑能耗指标	按夏热冬冷地区传统围护结构，即 240mm 砖墙，架空通风屋面，单层金属窗，在保证主要居室为冬季 18℃，夏季 26℃ 的条件下，冬季用能效比为 1 的电暖气采暖，夏季用额定制冷工况能效比为 2.2 的空调器降温，计算出典型建筑全年采暖空调耗电量作为基础能耗。在这个基础上，降低 65% 后作为节能建筑的能耗指标
	备注	能效比是在额定工况（额定电压和额定电流）和规定条件下，空调进行制冷运行时实际制冷量与实际输入功率之比。能效比数值的大小可反映空调器产品每消耗 1000W 电功率时，制冷量的大小。能效比数值越大，表明该空调使用时所需要消耗的电功率就越小，单位时间内耗电量相对越少

　　建筑在运行过程中，如果同时可满足建筑热环境的质量指标和能耗指标，则认定该居住建筑为节能建筑。

12.2　建筑节能验收规范

　　《建筑节能工程施工质量验收规范》GB 50411—2007，内容翔实丰富，法律效力覆盖全国各个气候区。制定节能验收规范的目的是为了加强建筑节能工程的施工质量管理，统一建筑节能工程施工质量验收，提高建筑工程节能效果，使其达到设计要求。这本规范的适用范围是新建、改建和扩建的民用建筑。在一个单位工程中，适用的具体范围是建筑工程中围护结构、设备专业等各个专业的建筑节能分项工程施工质量的验收。对于既有建筑节能改造工程由于可列入改建工程的范畴，故也应遵守本规范的要求。建筑节能工程中采用的工程技术文件、承包合同文件对工程质量的要求不得低于本规范的规定。由于是适用于全国的验收规范，与其他验收规范一样，规范各项规定的"水平"是最低要求，即"最起码的要求"。建筑节能工程施工质量验收除应执行该规范外，尚应遵守《建筑工程施工质量验收统一标准》GB 50300、各专业工程施工质量验收规范和国家现行有关标准的规定。根据国家规定，建设工程必须节能，节能达不到要求的建筑工程不得验收交付使用。建筑节能验收是单位工程验收的先决条件，具有"一票否决权"，单位工程竣工验收应在建筑节能分部工程验收合格后方可进行。

12.3　外墙保温节能现场验收

12.3.1　一般规定

（1）墙体节能工程应在主体结构及基层质量验收合格后施工，与主体结构同时施工的墙体节能工程，应与主体结构一同验收；

（2）外保温型式检验报告中应包括安全性和耐候性检验；

（3）墙体节能工程应对下列部位或内容进行隐蔽工程验收，并应有图像资料：基层及表面处理、保温板粘结或固定、锚固件、增强网铺设、墙体热桥部位处理、板缝及构造节点、有机类保温材料界面、被封闭保温材料厚度、保温砌块填充墙体。

12.3.2 主控项目

（1）节能工程材料构件热工性能以及品种、规格、尺寸和性能应符合设计和标准要求；

（2）复验项目中应有 30％试验次数为见证取样送检；

（3）夏热冬冷地区应对外保温使用的粘结材料进行冻融试验；

（4）墙体节能工程各层构造做法应符合设计要求；

（5）墙体节能施工应符合下列规定：厚度符合设计要求；保温板与基层及各构造层之间的粘结或连接必须牢固，现场拉拔试验；浆料保温层应分层施工；

（6）当采用预埋或后置锚固件，墙体后置锚固件应做现场拉拔力试验；

（7）预置保温板现场浇筑混凝土墙体，保温板的安装应位置正确、接缝严密；

（8）墙体节能工程各类饰面层的基层及面层施工，并应符合下列规定：基层应无脱层、空鼓和裂缝；不宜采用粘贴饰面砖做饰面层；饰面层不应渗漏；保温层及饰面层与其他部位交接的收口处应采取密封措施；

（9）保温砌块砌筑墙体应采用具有保温砂浆砌筑。砌体水平灰缝饱满度不应低于 90％，竖直灰缝饱满度不应低于 80％；

（10）外墙热桥部位，应采取隔断热源或节能保温措施。

12.3.3 现场检验

（1）建筑围护结构施工完成后，应对外墙进行现场实体检验。

（2）外墙现场实体检验目的：验证保温材料种类是否符合设计要求；验证保温层厚度是否符合设计要求；检查保温层构造是否符合设计要求。

（3）外墙节能做法的现场实体检验，其抽样数量可以在合同中约定，但合同中约定的抽样数量不应低于规范要求。当无合同约定时应按照下列规定抽样：

1）每个单位工程的外墙至少抽查 3 处，每处一个检查点；

2）当一个单位工程外墙有 2 种以上节能保温做法时，每种节能保温做法的外墙应抽查不少于 3 处；

3）外墙节能做法的现场实体检测可在监理（建设）人员见证下由施工单位实施，也可在监理（建设）人员见证下取样，委托有资质的见证检测单位实施；

4）当外墙节能做法现场实体检验出现不符合设计要求和标准规定的情况时，应委托有资质的检测单位扩大一倍数量抽样，对不符合要求的项目或参数再次检验。仍然不符合要求时应给出"不符合设计要求"的结论；

5）对于不符合设计要求的外墙节能做法应查找原因，对所造成的对建筑节能的影响程度进行计算或评估，采取技术措施予以弥补或消除后重新进行检测，合格后方可通过验收。

12.4　钻芯法在墙体节能验收中的应用

钻芯法(如图 12-2 所示)适用于检验带有保温层的外墙的节能做法是否符合设计要求。钻芯法应在外墙保温施工完工后、节能分部工程验收前进行，并应事先制订钻芯后的修复方案。钻芯法检验围护结构节能做法的取样部位和数量，应遵守下列规定：

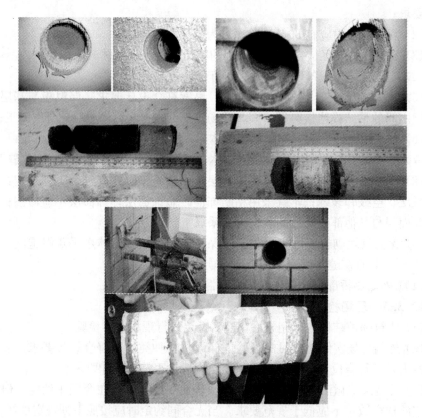

图 12-2　钻芯法在外墙保温节能验收的应用

（1）取样部位应由监理(建设)与施工双方共同确定；

（2）取样位置应选取节能做法有代表性的外墙上相对隐蔽部位；

（3）外墙取样数量为一个单位工程每种节能保温做法至少取 3 个芯样；

（4）钻芯法检验外墙节能做法应在监理或建设人员见证下实施；

（5）钻芯法检验可采用空心钻头，从保温层一侧钻取直径 70mm 的芯样；

（6）当外墙的表层坚硬不易钻透时，也可局部剔除坚硬的面层后钻取芯样；

（7）钻取芯样时应尽量避免冷却水流入墙体保温层内及污染墙面；

（8）对钻取芯样，应对照设计图纸观察、判断保温材料种类是否符合设计要求；用分度值为 1mm 的钢尺量取保温层厚度，精确到 1mm；同时，观察或剖开检查保温层构造做法是否符合设计要求；

（9）在垂直于芯样表面（外墙面）方向上实测芯样保温层厚度，当实测厚度与设计厚度的差在 5％以内（含 5％）时，应判定保温层厚度符合设计要求；实施钻芯法检验的单位应出具检验报告。检验报告至少应包括下列内容：抽样方法、抽样数量与抽样部位；芯样状态的描述；实测保温层厚度，设计要求厚度；给出"是否符合设计要求"的结论；附有带标尺的芯样照片并在照片上注明每个芯样的取样部位；监理（建设）单位取样见证人的见证意见；参加现场检验人员及现场检验时间；检测发现的其他情况和相关信息；

（10）当取样检验结果不符合设计要求时，应委托具备检测资质的见证检测单位增加一倍数量再次取样检验；

（11）外墙取样部位修补，可采用聚苯板或其他保温材料制成圆柱形塞填充并用建筑胶密封。修补后宜在取样部位挂贴注有"围护结构节能做法检验点"的标志牌。

项 目 小 结

本项目简述了建筑节能检测的相关内容，着重介绍了外墙保温节能现场验收等具体内容，尤其是钻芯法在建筑节能现场检测的重要应用。通过本项目的学习，学习者应熟悉建筑节能检测的分类和检测方法，结合节能验收规范，掌握建筑节能验收规范的重要条款，能够应用钻芯法等技术手段对建筑节能施工质量进行评价。

思 考 题

1. 请简述建筑节能验收程序。
2. 建筑节能工程的检测可分为哪几大类？
3. 什么是节能综合指标评价？
4. 实施钻芯法检验的单位应出具检验报告，检验报告至少应包括哪些内容？

参 考 文 献

[1] 王立雄. 建筑节能. 北京：中国建筑工业出版社，2006.

[2] 北京市建筑材料管理办公室，北京市土木建筑学会，王庆生. 建筑节能工程施工技术. 北京：中国建筑工业出版社，2007.

[3] 刘念雄，秦佑国. 建筑热环境. 北京：清华大学出版社，2005.

[4] 林素菊. 高大空间分层空调室内气流的数值模拟. 制冷与空调，2005，第 1 期.

[5] 刘凤忠. 保障供热管网水力平衡的关键环节. 节能，2009，第 3 期.

[6] 杨宏伟. 利用室温进行采暖热计量的探讨. 洁净与空调技术，2007，第 1 期.

[7] 郝国胜. 城市供热系统中分户热计量技术及收费制度改革. 科技情报开发与经济，2000，第 5 期.

[8] 牛晓. 低辐射（Low-E）夹层玻璃特性分析. 建筑玻璃与工业玻璃，2011，第 1 期.

[9] 徐浩. 绿色建筑玻璃类型及特性研究. 门窗，2011，第 1 期.

[10] 申惠东. 真空玻璃隔热原理分析及实验. 玻璃与搪瓷，2009，第 4 期.

[11] 宋永锟. 新型建材——真空玻璃. 福建建材，2009，第 4 期.

[12] 郑大宇. 中空玻璃的保温方法和实验研究. 低温建筑技术，2010，第 12 期.

[13] 新型节能玻璃幕墙. 广东建材，2006，第 10 期.

[14] 吴航. 低碳建筑引领"绿色"新生活. 今日科苑，2010，第 21 期.

[15] 安迪·福特. 低碳建筑的未来，世界建筑，2010，第 2 期.

[16] 叶水泉. 低碳建筑技术思考与实践. 制冷空调与电力机械，2010，第 4 期.

[17] 任乃鑫. 低碳建筑设计理念与技术. 华中建筑，2010，第 9 期.

[18] 曹杰. 低碳建筑之低碳设计. 经济研究，2010，第 9 期.

[19] 戚斌. 对当前建筑采暖节能的认识与分析. 中小企业管理与科技，2010，第 19 期.

[20] 江煜. 对住宅分户热计量技术的探讨. 石河子科技，2002，第 6 期.

[21] 张勤. 发展低碳建筑是大势所趋也是一份社会责任. 福建建筑，2010，第 9 期.

[22] 刘蓉莉. 发展蓄冷空调技术推动电网移峰填谷. 节能技术，2004，第 1 期.

[23] 王新田. 分户计量采暖与节能探讨. 今日科苑，2008，第 14 期.

[24] 丁琦. 分户热计量技术难点和解决方案. 建设科技，2008，第 23 期.

[25] 辛峰. 高大空间分层供暖室内气流的数值模拟研究. 建筑节能，2009，第 4 期.

[26] 徐伟. 供暖系统温控和热计量技术. 北京：中国计划出版社，2000.

[27] 马仲元. 供热管网水力平衡调节方法的研究. 河北建筑工程学院学报，2005，第 4 期.

[28] 李贵. 供热系统水力失调和水力平衡的分析. 能源研究与利用，2010，第 2 期.

[29] 徐伟. 关于集中供暖系统温控与热计量技术的几个问题的思考. 中国建设信息，2001，第 5 期.

[30] 刘志. 关于外墙保温形式的探讨. 建材技术与应用，2010，第 4 期.

[31] 左海敏. 关于住宅采暖系统节能问题. 山西建筑，2010，第 11 期.

[32] 徐伟. 关于住宅新型供暖方式及热计量技术. 工程质量，2003，第 10 期.

[33] 刘冬梅. 集中采暖供热系统的节能与优化. 炼油与化工，2010，第 3 期.

[34] 董印明. 集中供热分户热计量技术. 黑龙江科技信息，2009，第 13 期.

[35] 田学春. 加气混凝土在外墙自保温体系中的应用分析. 新型建筑材料，2009，第 2 期.

[36] 李锐. 建筑供暖系统的水力平衡与节能. 中国住宅设施，2008，第 12 期.

[37] 蒋红. 建筑节能与集中采暖分户热计量. 中国科技信息，2006，第 21 期.

[38] 付云松. 建筑节能与外墙保温技术. 土木建筑教育改革理论与实践，2009，第 11 卷.

[39] 郭佃民. 建筑节能与外墙外保温技术. 山西建筑，2011，第 1 期.

[40] 焦磊. 建筑空调节能措施的几点建议. 中国新技术新产品，2009，第 4 期.

[41] 杨海坤. 建筑空调节能控制探析. 科技创新，2010，第 1 期.

[42] 朱坚强. 建筑外墙保温技术与建筑节能浅析. 中国科技博览，2010，第 30 期.

[43] 刘佳佳. 建筑外墙外保温技术应用的研究. 价值工程，2009.

[44] 商利斌. 建筑中央空调节能技术探讨. 中国科技信息 2009，第 14 期.

[45] 张广辉，朱自敏. 节能建筑外墙保温施工. 科技信息，2004.

[46] 徐文浩. 节能建筑外墙保温主要技术与工程实践. 建材与装饰，2011，第 1 期.

[47] 王燕. 空调节能技术的应用与展望. 科技天地，2001.

[48] 张筱虹. 空调节能研究与探索. 中国高新技术企业，2010，第 3 期.

[49] 朱弘年. 论外墙保温技术在建筑节能中的应用研究. 山西建筑，2010，第 4 期.

[50] 张一. 论住宅采暖设计的节能措施. 科技创新导报，2010，第 7 期.

[51] 余中海. 绿色建筑案例分析.

[52] 杨兴中. 绿色建筑中空调节能的必要性. 建筑科学，2009，第 2 期.

[53] 楚志伟. 民用建筑的外墙保温节能技术探讨. 科技传播，2010，第 6 期（上）.

[54] 民用建筑热水集中采暖与供热技术节能设计措施探讨. 山东暖通空调，2007，第 2 期.

[55] 谢宁. 浅谈采暖节能. 黑龙江科技信息，2007，第 1 期.

[56] 龚国琳. 浅谈采暖节能设计及运行管理问题. 油田建设设计，1994，第 1 期.

[57] 马丽娜. 浅谈采暖居住建筑的节能设计. 山西建筑，2007，第 3 期.

[58] 张宁. 浅谈建筑环境与采暖空调节能. 城市建设，2010，第 7 期.

[59] 孙曼莉. 浅谈建筑外墙保温技术. 山西冶金，2010，第 6 期.

[60] 楼敏. 浅谈建筑外墙保温技术及应用. 中国高新技术企业，2010，第 12 期.

[61] 浅谈节能建筑外墙保温系统的施工技术及质量要点. 今日财富，2010，第 8 期.

[62] 刘强. 浅谈外墙保温技术及节能材料的应用. 建筑技术开发，2006，第 5 期.

[63] 韩文权. 浅谈外墙保温节能技术. 山西建筑，2010 年 10 月，第 28 期.

[64] 梁宇. 浅谈外墙体保温节能. 黑龙江科技信息，2010，第 29 期.

[65] 林少荣. 浅析建筑工程外墙保温技术的发展形势. 建材与装饰，2011，第 1 期.

[66] 王利. 浅析空调节能措施. 资源节约与环保，2009，第 5 期.

[67] 席俊刚. 热泵与空调节能技术的现状分析. 企业技术开发，第 12 期.

[68] 谢浩. 实现建筑的低碳化. 建筑节能，2010，第 9 期.

[69] 黄恒栋. 室内采暖条件下围护结构的保温控制与节能控制. 华中建筑，2005，第 2 期.

[70] 刘宏彬. 谈对我国墙体保温技术的分析. 中华民居，2011，第 1 期.

[71] 吴炜. 谈谈外墙保温施工技术. 中国新技术新产品，2010，第 24 期.

[72] 王建国. 谈外墙保温形式在建筑节能中的应用. 黑龙江科技信息，2010，第 13 期.

215

[73] 乌买尔·乌守尔. 探讨供热采暖系统分户热计量技术应用中的几点问题. 中国西部
科技, 2010, 第 14 期.

[74] 赵军. 外墙保温的发展与现状. 山西建筑, 2010, 第 4 期.

[75] 张继媛. 外墙保温技术的研究现状与发展趋势. 建筑节能, 2010, 第 1 期.

[76] 牛玉芝. 外墙保温技术的应用与施工要点. 民营科技, 2010, 第 4 期.

[77] 吴迪. 外墙保温技术及节能材料. 科技创新导报, 2010, 第 10 期.

[78] 尹新安. 外墙保温技术及其施工措施. 中小企业管理与科技, 2010, 第 25 期.

[79] 任忠宇. 外墙保温技术及其特点. 中国新技术新产品, 2010, 第 5 期.

[80] 杨光辉. 外墙保温技术探析. 工会博览：理论研究, 2010, 第 6 期.

[81] 赵喜琴. 外墙保温施工技术探析. 沈阳建筑, 2005, 第 2 期.

[82] 康永, 柴海涛. 外墙保温与建筑节能. 上海建材, 2010, 第 6 期.

[83] 刘胜全. 外墙自保温体系的应用与前景展望. 科技创新导报, 2010, 第 22 期.

[84] 何军杰. 暖通空调系统节能新技术的开发推广应用. 建材与装饰, 2009, 第 7 期.

[85] 宋健. 有关空调节能的措施与策略探讨. 四川建材, 2010, 第 4 期.

[86] 魏兵. 直流式空调系统节能设计的讨论与分析. 节能技术, 2004, 第 1 期.

[87] 康艳兵. 中国空调节能发展现状趋势展望和政策建议. 节能与环保, 2010, 第 8 期.

[88] 董维敏. 住宅供暖系统的热计量技术. 山西建筑, 2002, 第 1 期.

[89] 李晖. 住宅供暖系统的室温控制和热计量技术. 山西建筑, 2005, 第 9 期.

[90] 袁智华. 综合建筑空调节能技术的探讨. 科技经济市场, 2006, 第 8 期.